U0246346

别闹了，动物大人

揭秘身边动物的喜·怒·哀·乐

[法] 塞巴斯蒂安·莫罗 著

[法] 莱拉·贝纳比 绘

张瑾儿 译

天地出版社 | TIANDI PRESS

图书在版编目（CIP）数据

别闹了，动物大人 /（法） 塞巴斯蒂安 · 莫罗著；（法）莱拉 · 贝纳比绘；张瑾儿译. —成都：天地出版社，2024.10
ISBN 978-7-5455-8394-6

Ⅰ. ①别… Ⅱ. ①塞… ②莱… ③张… Ⅲ. ①动物—青少年读物 Ⅳ. ①Q95-49

中国国家版本馆CIP数据核字（2024）第107987号

Les Cerveaux de la ferme © Hachette-Livre (La Plage), 2021
Author: Sébastien Moro
Illustrator: Layla Benabid

著作权登记号　图进字：21-24-066

BIE NAO LE, DONGWU DAREN

别闹了，动物大人

出品人　杨　政
著　者　［法］塞巴斯蒂安 · 莫罗
绘　者　［法］莱拉 · 贝纳比
译　者　张瑾儿
总策划　陈　德
策划编辑　王　倩
责任编辑　刘静静
美术编辑　周才琳
营销编辑　魏　武
责任校对　张月静
责任印制　刘　元　高丽娟

出版发行　天地出版社
（成都市锦江区三色路238号　邮政编码：610023）
（北京市方庄芳群园3区3号　邮政编码：100078）
网　址　http://www.tiandiph.com
电子邮箱　tianditg@163.com
经　销　新华文轩出版传媒股份有限公司

印　刷　北京博海升彩色印刷有限公司
版　次　2024年10月第1版
印　次　2024年10月第1次印刷
开　本　710mm×1000mm 1/16
印　张　11.25
字　数　135千字
定　价　58.00元
书　号　ISBN 978-7-5455-8394-6

咨询电话：（028）86361282（总编室）
购书热线：（010）67693207（营销中心）

本版图书凡印刷、装订错误，可及时向我社营销中心调换

目录

动物对世界的认知

在开始阅读这本书之前，
好好享受这片刻的宁静吧。
因为，这本书将会颠覆你对世界的认知！

真的好了吗？

让我们先来聊一聊动物如何感知世界吧。鸡、牛、猪、绵羊、山羊……动物有**第六感**吗？等等，这个问题本身是否成立？

因为科学界连我们有哪“五感”都没有达成共识，所以“第六感”只是一个流行的传言。接下来我们会进行详细揭秘。

虽然还没有达成普遍共识，但是人类可能有至少7种感觉（听觉、嗅觉、触觉、味觉、视觉、平衡觉、本体觉）^{2}（A+B）^{2}……

加号还有括号，瞬间让我有了做数学题的感觉……别担心啦！没什么别的要研究，这不是在玩密室逃脱。

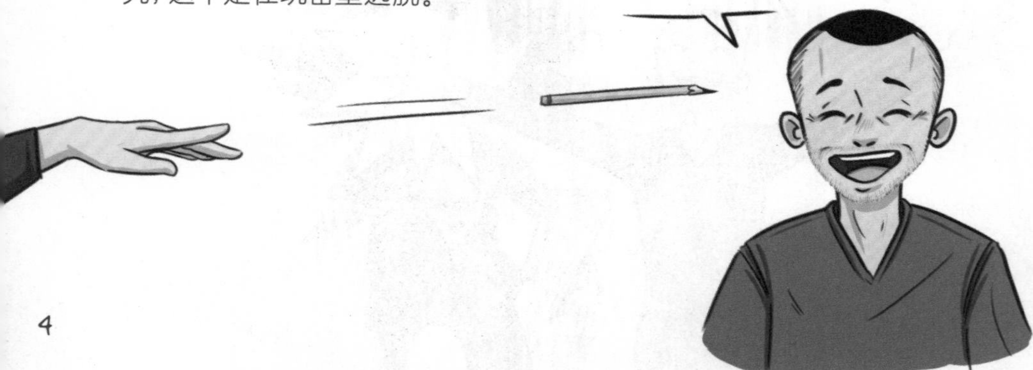

哎！哎！哎呀！！好痛！
——中国香港演员成龙，电影《飞鹰计划》

首先，请舒舒服服地坐好，我们来聊一聊**触觉**和**痛觉**。因为，先“苦”后“甜”嘛！

和人类一样，动物对**触摸**的感觉有时是**舒服的**（比如被爱抚时），有时是**痛苦的**（比如被打屁股时。不过也要看情况，取决于是谁摸它、谁打它）。触摸可是动物社交关系中非常重要的一部分哦！

牛、猪、鸡、绵羊和山羊的**触觉**与我们人类很相似。

对啊！你是不是早就发现了？

我们发现，同一群动物中彼此间有很多“非攻击性”的身体接触。

比如舔舐（牛群中的好朋友会互相舔舐），

比如"亲吻"（母猪会和自己的猪宝宝拱鼻子），

还有清虱子（母鸡会帮伙伴清理鸡喙附近的羽毛，要知道，想无视虱子的侵扰或者靠自己清理太难了）。

小猪的鼻子是它们探索世界的"通道"，里面布满感受器，其中很大一部分是**触觉感受器**，所以猪鼻特别敏感。

在鸡喙上，我们也发现了类似的东西。

真是奇怪！母鸡的鸡喙末端也有许多机械刺激感受器（触觉感受器），用于精准地挑拣食物。

这就像是在下喙长出了一根敏感灵活的手指头！

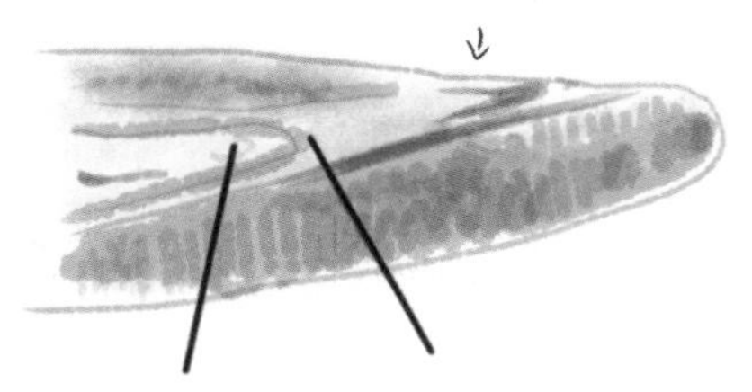

鸡嘴长出一根手指……你不用想象那个场景啦！

虽然，已经晚了。

断喙是一种养殖业常见的切割技术，就是切断鸡喙的末端。当小鸡的下喙被切断时，即便（通常情况下）只是被切断了一点点，它们也丧失了用下喙“接触”世界的能力。而且，残忍的断喙让小鸡痛不欲生，苦不堪言。

通常认为，鸡的痛觉和我们人类很相似。

然而，我们却很难察觉到它们的痛苦，因为这些“盘中之物”往往会掩盖弱点和伤痛。

无麻醉去势、
无麻醉剪尾、
断喙、
断角……
这些养殖业常见的技术，对动物而言是残忍的。

许多研究表明，这些技术会对动物造成**剧烈的痛苦**，从而导致持续终生的**慢性疼痛，引起动物情绪和行为的巨大变化。**

我们还是来看点儿别的吧！

小牛们气得通红！*
——吉·路克斯*

有人宣称牛看不见红色！这一度是家喻户晓的“常识”。

这句“真理”像一把钥匙，悄悄开启了潘多拉魔盒——欢迎走进科学理论大乱斗的世界！

颜色是不存在的！

或者应该说，颜色不是真实存在的，而是大脑的作用。

我们的眼睛中拥有感光器——**视锥细胞**，它们对特定**波长**的光线做出反应：**短波**（偏蓝）、**中波**（偏绿）、**长波**（偏红）。

光线的波长以纳米（nm）为单位计量。

例如，我们的**红色**视锥细胞对约560纳米的长波光线反应最强烈，这大概是**黄色**光的波长。不过，**红色**视锥细胞同样能感受到其他波长，可以感受到一些**绿色**光和**红色**光。

视锥细胞受到刺激后，便向大脑传递信号。于是，大脑绞尽脑汁思考：“如果你只能看到波长，你要怎么玩各种颜色的扭扭乐*？稍等，让我整个活儿，让你秒懂什么叫五彩缤纷！”

于是——噔噔噔噔！颜色诞生了。

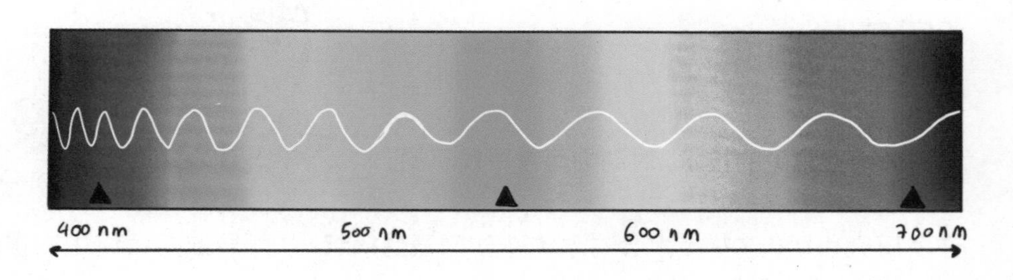

* 本书所有黑色星号均代表译者注，注释内容见全书末尾。

那么，牛眼中的世界是怎样的？

我们人类有三种视锥细胞（蓝、绿、红），而牛是二色性视觉动物。也就是说，牛只有两种视锥细胞，一种用于感应短波，另一种用于感应中波和长波。

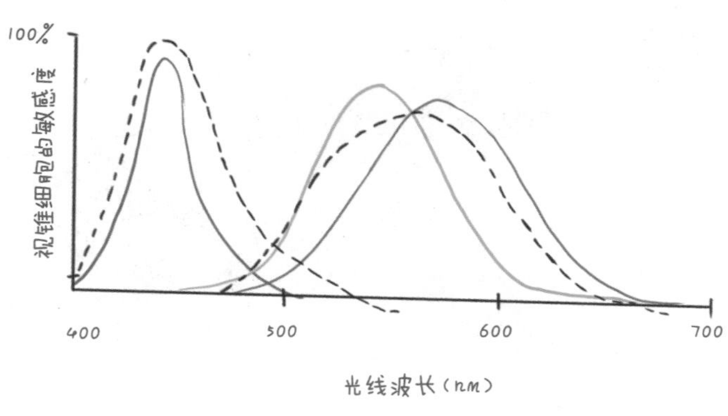

牛到底是不是红色色盲？

为此，科学家们进行了多次实验，实验中牛需要根据实验室散发的灯光颜色启动对应的装置。结果发现，牛在红光下同样可以顺利完成。因此理论上，牛可以分辨出红色。

2001年的一项研究也是同样的目的，不过研究得更加深入。实验中观察到，不同颜色的光线可以影响牛的行为！

研究者认为，牛在红色光线下更活跃，在蓝色光线下更冷静。

咦？仔细想想，这和我们人类挺像啊。

请想象一下这个场景：当你躺在牙医的治疗床上，突然室内红光四溢，牙医对你说："您好，请张开嘴……"此时，你一定"压力山大"！

1998年，雅各布研究团队对牛、山羊和绵羊的感光细胞进行了分析，认为它们的“红色”视锥细胞和“蓝色”视锥细胞对不同光线波长的敏感程度与人的视锥细胞很相似。

实际上，几乎所有的研究都表明，牛可以分辨出人类认为的红色波长范围的颜色。

结论：牛肯定能看到红色——等等，话可别说太早！

有一些人是绿色色盲，他们并没有“绿色”视锥细胞，只有“蓝色”和“红色”视锥细胞。这样一来，绿色色盲患者所感知的波长与牛、山羊和绵羊很相似。

由此我们会认为，绿色色盲患者能看到的色彩梯度主要是蓝色到红色。然而，研究表明，他们的可见色范围更有可能是从蓝色到某种黄色。

结论：可想而知，和患有色盲的人一样，本漫画中的这些草食动物可见色范围是从蓝色到黄色。

等一下……

绿色色盲是人类视觉系统的一种非正常现象，而我们的草食动物朋友用了成千上百万年才演化出如今的视觉系统。

与其说“三色视觉”是哺乳动物中的一种规律，更不如说是一个例外。

我们连同类都搞不清楚，还想搞清楚另一个物种？

这些动物的大脑和人类的大脑感知信息的方式是一样的吗？我们不得而知。

“所以牛究竟是不是红色色盲？”

实际上根本没人知道，或者说我们可能永远无从知晓。

你想想，就算是我们人类彼此之间，对于颜色的感知都并非完全相同。

结论：这个问题没有答案。
哎呀，真是又酷又令人沮丧。

确实挺沮丧的，对不对？
但是，多酷啊！

山羊和绵羊同样是二色性视觉动物。

它们是**远视动物**，能够看到非常远的东西。

它们的眼睛拥有一层反光层，也就是**脉络膜**，可以极大地改善**夜间的视力**。因此，它们眼睛底部仿佛有一面镜子，将吸收到的光线反射出去。有点儿像……灯塔……

绵羊和山羊身上有很多神奇的特点，其中一个就是：它们的瞳孔是长方形的*。

其实，这种形状的瞳孔提供了极为宽广的水平视野，让它们能够看清楚自己周围的景象，形成**绝佳的全景视角**。另外，方形的瞳孔还可以避免过多的阳光进入眼睛上部，从而造成晕眩。

* 编者注：因本书中动物均以拟人化的卡通形象表现其情绪特点，故除本页外，书中其他山羊、绵羊的瞳孔均非长方形，特此说明。

我们是不是还没聊到鸡的视觉？来吧！

霸王龙从不循规蹈矩，更不把公园的时间表放在眼里。它唯恐天下不乱。
——电影《侏罗纪公园》

总的来说，前文讨论的大部分动物很久以前都是一家。

除了鸡。

要我说，鸡一定是来自美国51区的外星物种。

当然了，CIA（美国中央情报局）肯定不会承认啦！

我们要谨记在心：鸡和恐龙是一家。

它们可是霸王龙的表亲。

真的，我没骗你。

今天我们认为，恐龙的一个分支演化成了鸟类。

“啊，对对对，鸟从恐龙演化而来的话，母鸡岂不是会长牙齿？*”

鸡现在是没牙齿啦，但是它以前有啊。

说真的，没有人希望重返“鸡长牙齿”的时代。

因此，在本书中，鸡是超级特别的一个物种。

鸡的视觉敏锐度比我们要差，它们不太能看清远处的细节，而且一到晚上就成了“睁眼瞎”。

这些就是它们的弱点。

你说它们是弱鸡？来看看，人类怎么被这个盘中之物“打脸”。

我们人类拥有三种视锥细胞，可以分辨出不同的颜色。它们主要位于视网膜中央凹上，也就是我们眼睛中最敏锐精确的视觉区。就像前文提到的，这些视锥细胞可以感受绿色光、蓝色光和红色光。

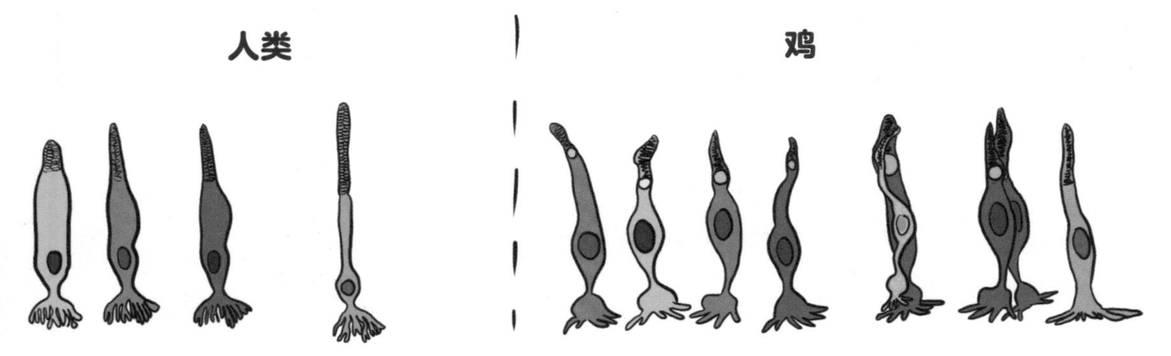

同样，鸡也有感应绿色光、蓝色光、红色光的视锥细胞……

鸡还能感应紫外线，因为YOLO*可是鸡的信条——活出别样鸡生！

此外，鸡还拥有双视锥细胞，更有利于侦察周围的活动，还能提升视觉的敏锐度。当然，一定还有很多超乎我们想象的作用，还是那句话——活出别样鸡生！

鸡不像人类一样拥有**视网膜中央凹**，而是有一块**椭圆形的中央区**，鸡的视觉奥秘变得更加扑朔迷离了。鸡的视锥细胞在视网膜上到底是如何分布的？产生的“特定区”是怎么样的？请看以下想象示意图。

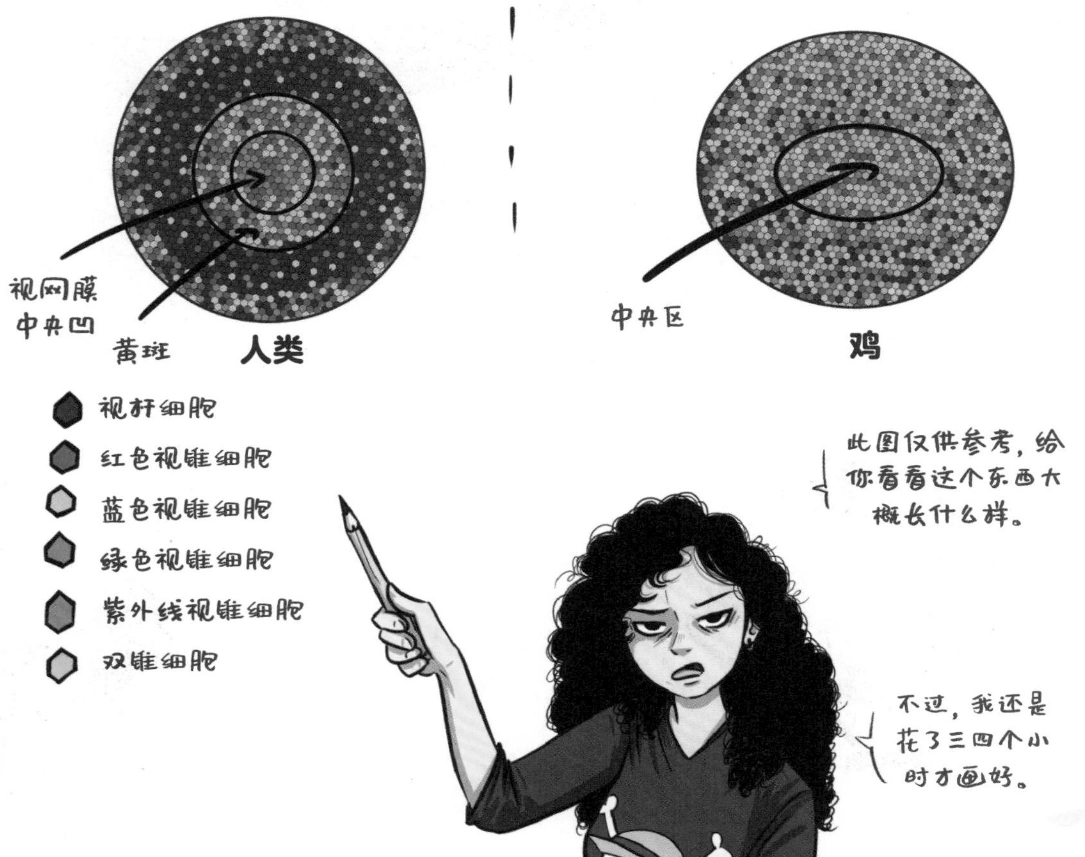

鸡的视锥细胞中还有各种颜色的**“油滴”**，能起到滤镜的作用，可以有效保护眼睛，提升视觉敏锐度，让色彩识别更加精确。

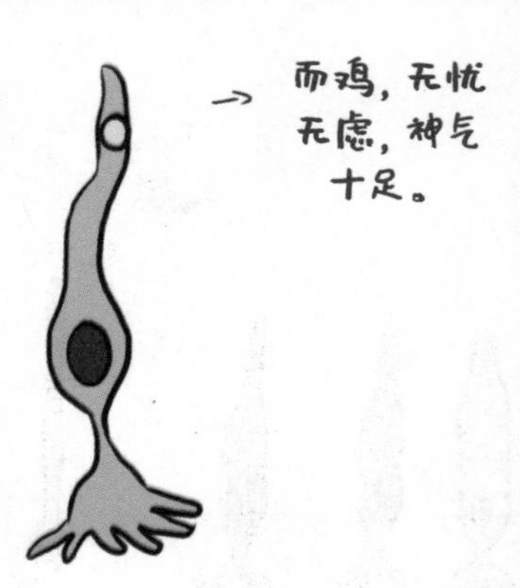

想象一下，当你在滑雪的时候，雪地反射出的强烈阳光一定让你头晕目眩，龇牙咧嘴。

说时迟，那时快，只听“嗖”的一声，你还来不及回头看，就已经被远远甩开——鸡在高级雪道上畅通无阻地进行障碍滑雪，那叫一个帅气！

鸡生态度：活出我精彩。

和人相比，鸡更擅长辨认颜色的细微差别，眼睛的对焦速度是我们人类的8倍。只要它想，就能做到。

另外，鸡似乎没有“运动后效”反应。

你肯定在网上看过那种屏幕上的画面在不停旋转的视频，当你紧紧盯住画面一段时间后看向其他静止的地方，你会觉得整个世界天旋地转。

然而，这对鸡毫无作用。

对了，鸡还可以感知环境磁场（比如地球磁场），以便随时在所处环境中辨认方向，让自己随心所欲地——

觅食，

享受一场沙浴，

买糖吃，等等。

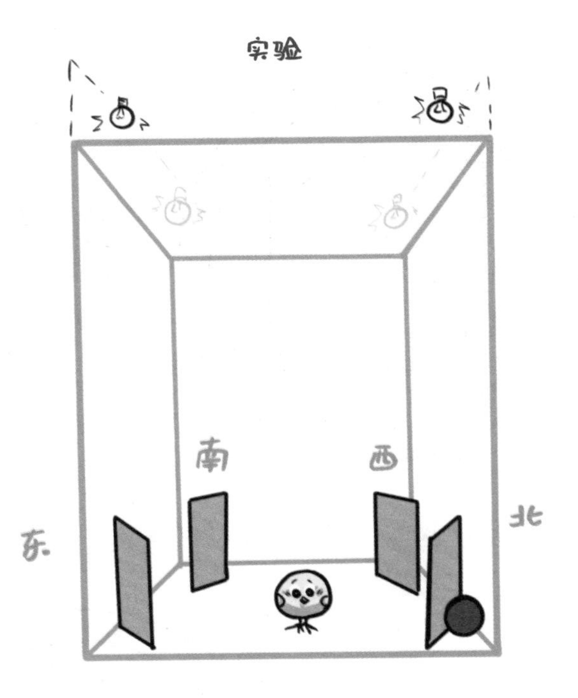

把一只小鸡放进全白的箱子内。

没有任何方位参照点。
在东南西北四个方向，
放四面不透明的挡板。
在其中一个挡板后面，
藏个小鸡喜欢的奖品。

目标：
找到奖品藏在哪里。

从上面看是这样的 →

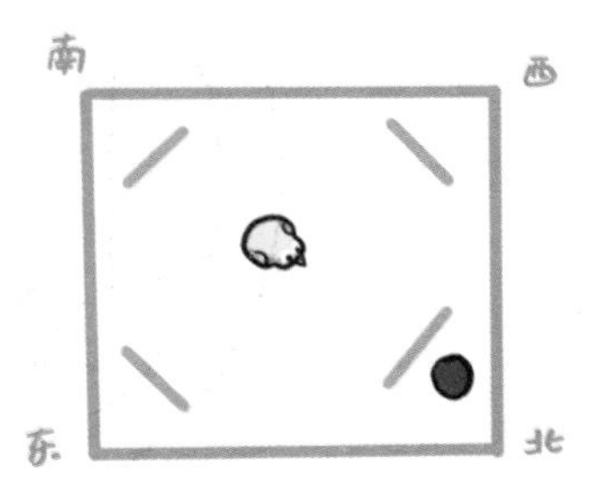

晕，真是太难了。

但是，小鸡一出手，就知有没有。

要确定在哪个挡板后面，只要知道奖品在哪个磁场轴就行啦！此前，它已经接受过强化训练，知道奖品总是位于磁场的北方。

所以，奖品藏在北屏后面时，小鸡会直奔北方。

（有时也会往南走，因为要在同一个轴线上区分方向真的不容易啊。）

如果我们把环境磁场旋转90度，小鸡也会改变它的方向哦！

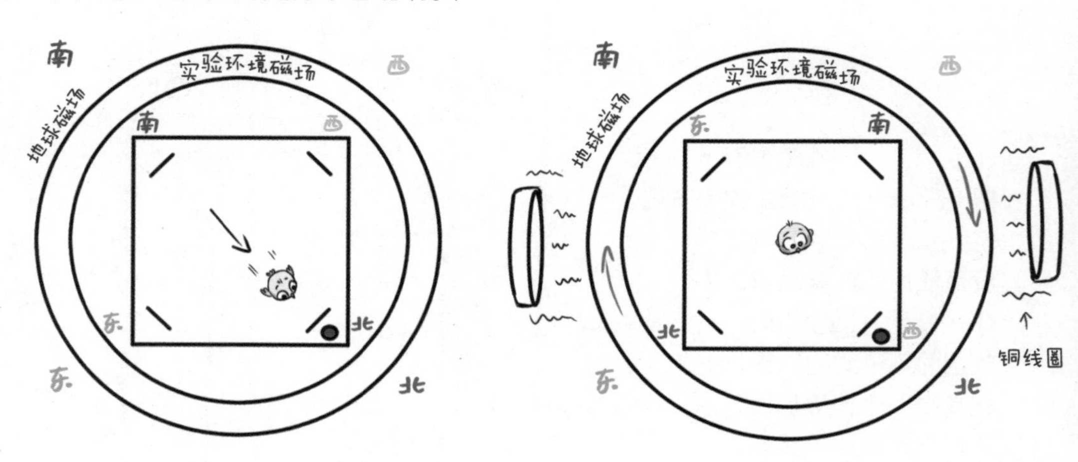

此时，小鸡从向北走变成了向东走——东边现在变成了它的北边啦！

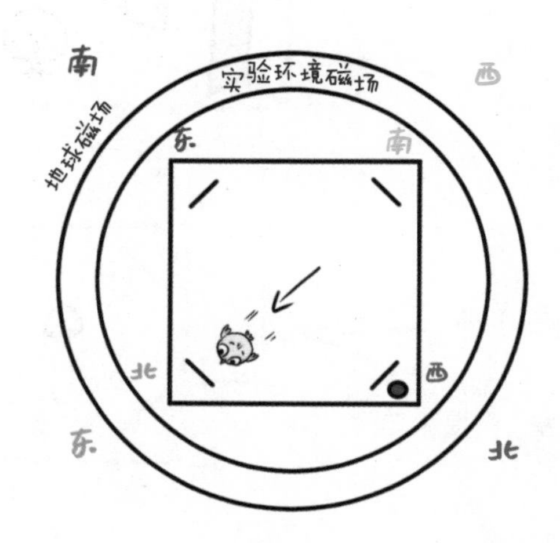

所以，这个和视觉有什么关系？

很显然，鸡的方向感非常依赖于它们感应到的光线，尤其是偏蓝光。

人们发现，在蓝光的照射下，鸡可以使用磁场判断方向。但是在红光下——

它们完全找不着北！

鸡真是天外来物。

不愧是来自罗斯威尔*的鸡！

可是我们什么都听不到！——卓别林*

让我们直奔主题：书中所有哺乳动物的听力和我们人类很相似，只是在不同个体和不同物种之间存在一定的差异。

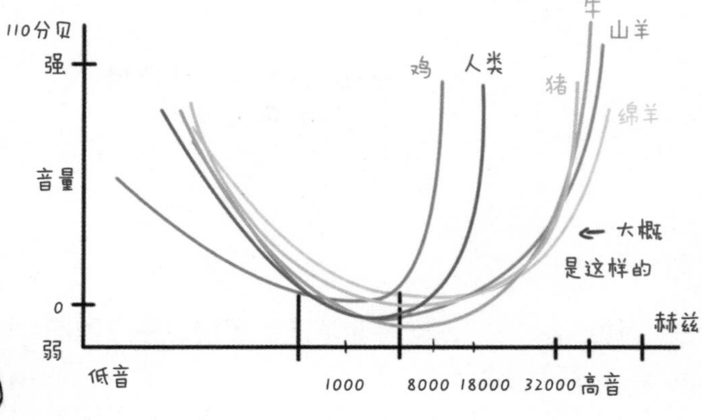

人类听不到超声波，但是，这些哺乳动物或多或少都能听到。

鸡善于听低音，不太能听清高音。对了，它们还有耳垂哦。

牛的听力更是神秘莫测。

它们并不能发出超声波，为什么能听到超声波？

其中一种猜想和它们的声源定位能力有关。
还有传闻……瘤牛（跟家牛关系很近的表亲）用这个“超能力”来……躲避吸血鬼！

瘤牛大战吸血鬼

瘤牛被人类引入美洲后，迅速沦为吸血蝠的猎物。吸血蝠嗜血成性，饱尝牛血，好不惬意。

正如吸血鬼的台词："可爱瘤牛，我心所求。*"

吸血蝠是一种蝙蝠。你别这么紧张。

和所有兢兢业业的蝙蝠一样，吸血蝠可以发出超声波。

1989年，有人观察到，当蝙蝠的叫声响起时，瘤牛如闪电般四处逃窜，寻找掩护。

此刻，你的脑海中是不是响起了《城市猎人》片头曲*……

因此，能听到超声波的听力可以用来发现天敌。

趣味知识1（真的很没用）

1970年的一项研究表明，相比于摇滚乐，牛更喜欢听乡村音乐。

说着好玩，可能以后你用得上哦。

趣味知识2（有点儿东西）

2016年，法国雷恩大学动物行为学专业的实验室做过一个实验，让怀孕的母猪受到“舒适”和“不适”两种不同的对待方式。一种是十足的宠爱，投喂新鲜的水，给予温柔的抚摩；另一种是用苍蝇拍对着它的头不停挥舞，附加轻微的拍打。

在不同的对待过程中，对着母猪分别播放不同的人声。

因此，母猪学会了用声音分辨不同的情绪。

出生两天后，猪宝宝们被放到了一个陌生的地方，与世隔绝。

此时，要么不放任何声音，要么放上面两种声音中的一种。

小猪出生后，从来没有听过这个声音，对吧。

结果发现，和完全寂静的环境相比，当“舒适”声音内容响起时，小猪痛苦的叫唤变少了。

而且，即使换一种人声，效果也是如此。

也有糟糕的情况。

和前一种声音相比，当“不适”声音内容响起时，小猪会发出更多痛苦的嗷嗷叫。

也就是说，当猪妈妈还怀孕时，对这种声音的排斥就已被刻进了猪宝宝的DNA。

我非常希望能继续长谈，但是我约了一个老朋友共进晚餐。
——汉尼拔·莱克特，电影《沉默的羔羊》

关于嗅觉和味觉，也有五花八门的知识要介绍！

关于鸡的这方面情况，我们所知甚少。虽然鸡的味蕾不多，但是它们也有味觉，是个吃货。鸡的嗅觉还行，不算夸张。

研究表明，每只鸡都有自己的独特体味。

（就像每个人腋下都独有其味。）

当然了，鸡这么聪明，通过简单的训练就能学会辨别气味。

鸡非常善于辨认栖息地和鸡窝的味道。

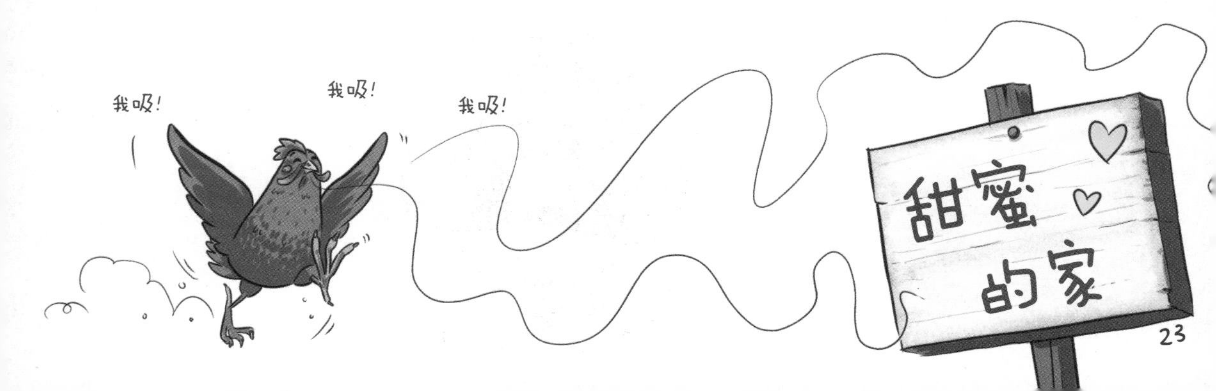

说到嗅觉非常灵敏的动物，
有请小猪猪闪亮登场。

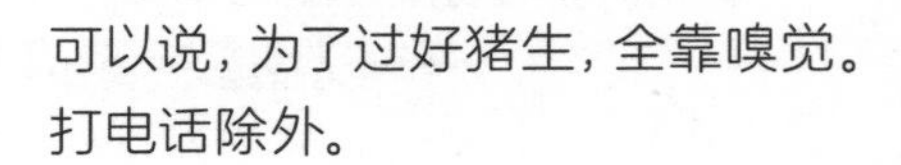

可以说，为了过好猪生，全靠嗅觉。
打电话除外。

毫不夸张地说，猪是拥有**最多嗅觉感受器**的哺乳动物之一。

总而言之，猪辨别气味的能力非同小可，让最厉害的猎狗在睡梦中都犯眼红病。（《权力的游戏》*的梗，看出来了吗？）

对了，如果你有一只小猪朋友……它肯定超级爱吃甜食，尤其是巧克力！
（少吃甜食！）

山羊、绵羊和牛的味觉如何呢?
这些动物能尝到的味道和人类差不多,只是不同物种和不同个体各有所好。

它们是杂食动物,菜单丰富多彩,进食不仅是为了果腹,也是为了享受。

它们每周的比萨摄入量最多3块。

对我们人类来说,吃东西的体验涉及多维度、互相关联的因素:食物的色、香、味,还有吃之前身体的感受。动物也是一样。

如果你喂绵羊吃它非常喜欢的食物(大麦和小麦绝对没问题,大家都爱吃小麦)……

它们会吃掉。

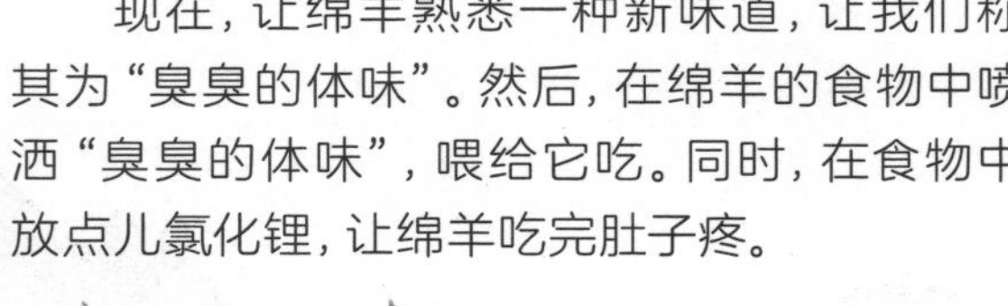

现在，让绵羊熟悉一种新味道，让我们称其为“臭臭的体味”。然后，在绵羊的食物中喷洒“臭臭的体味”，喂给它吃。同时，在食物中放点儿氯化锂，让绵羊吃完肚子疼。

再把这个气味喷在绵羊喜欢吃的其他食物上。

绵羊碰见你，可真是倒大霉！

绵羊尊贵的舌头绝对碰都不会碰这东西！

绵羊可以把气味（进食前的感受）和肚子疼（进食后的反应）完美联系起来，此后，面对散发着这种气味的所有食物，它都会推断出“吃了会肚子疼”！

所以，即使是绵羊最喜欢的食物，一旦散发出“臭臭的体味”，绝对会被绵羊送回后厨，伴随着它的哀嚎：“我再也不吃东西了！我不活啦！”

山羊有山羊的规矩。
——克里斯蒂安·纳瓦罗斯，山羊认知专家

山羊食用的植物种类非常丰富，甚至连大多数动物吃不了的某些东西，对它来说都不在话下。

山羊毫不在乎。

其实，山羊对生活中的各种事情都漠不关心，它就是这么酷。

山羊嘴巴里面有非常硬的部分，即使针刺入嘴，它也面不改色。

但是有时候，叶子上会有一些毒毛毛虫。

科学家非常好奇，山羊这时候会怎么办？

科学家为山羊准备了两箱叶子，一箱叶子上有毛毛虫，另一箱没有。

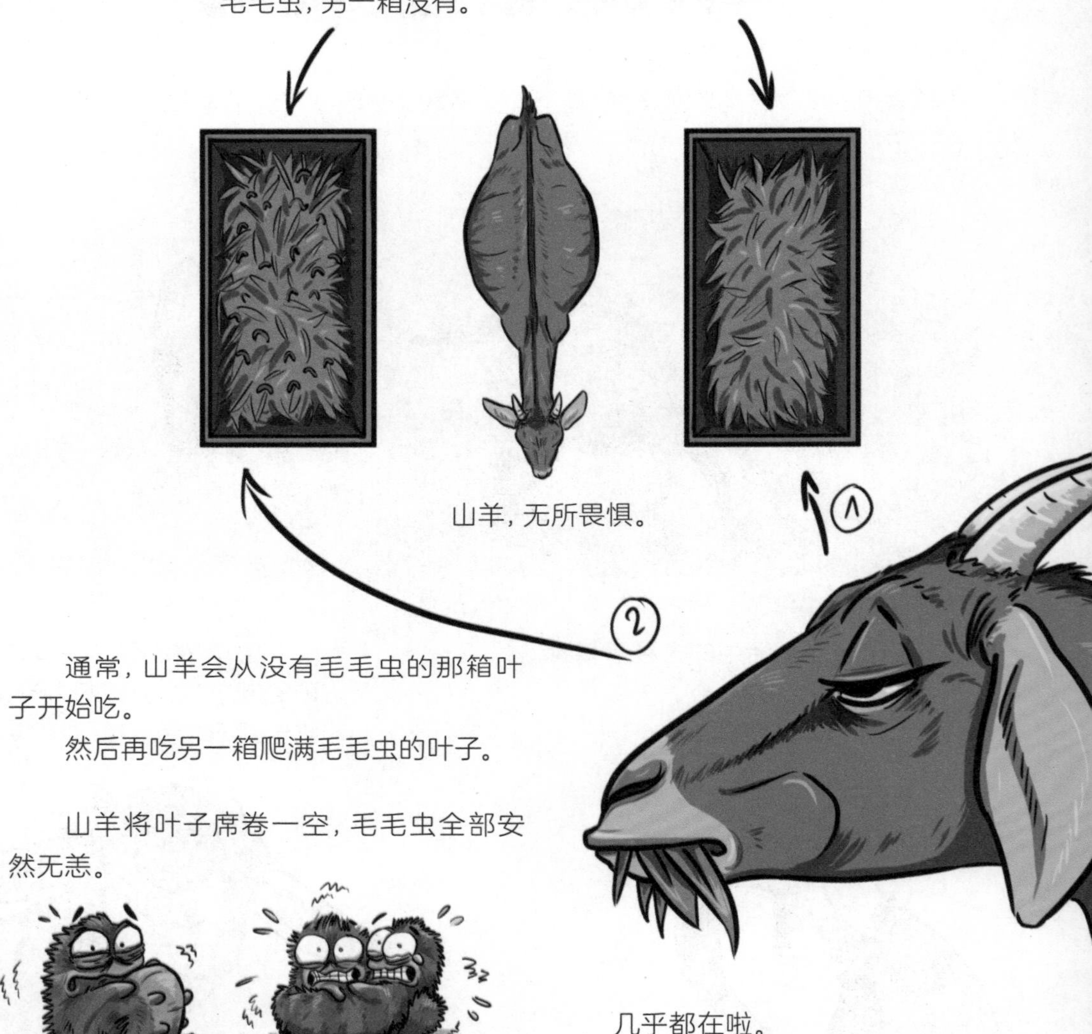

山羊，无所畏惧。

通常，山羊会从没有毛毛虫的那箱叶子开始吃。

然后再吃另一箱爬满毛毛虫的叶子。

山羊将叶子席卷一空，毛毛虫全部安然无恙。

几乎都在啦。

其中有一只毛毛虫消失了。

它没有被吃掉，但是所有的研究人员都没找到它。传说在实验室的某个墙角或家具下藏着一个蒙面侠，想要实施营救计划。

在后面的研究中，又有一只蚕不翼而飞。这么巧？我不信。

身着白衣的科学家团队在观察细节时发现，为了赶走毛毛虫，山羊使出了十八般武艺，有一套完整的“毛毛虫管理办法”。

山羊先用嘴巴摸索一下，确定叶子上有没有虫子。

一旦发现毛毛虫的踪影，山羊立刻开始疯狂甩叶子，把这个不速之客赶走。

如果毛毛虫纹丝不动，那么这片叶子将会被丢弃，山羊会转攻下一片叶子。

如果哪只毛毛虫不小心落入羊口，那么它会立刻体验到“虫体炮弹”*的滋味。

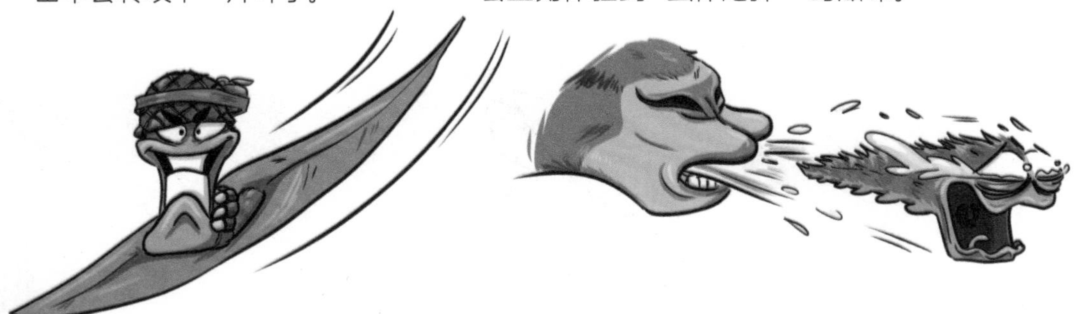

科学家还把毛毛虫粘牢在所有叶子上，让山羊无计可施。

山羊，依旧无所谓。

在没有其他选择的情况下，它会把叶子上没有毛毛虫的部分吃掉，然后扔掉剩下的部分，继续去吃下一片叶子。

不过，要知道毛毛虫也并不是任羊宰割的。有一些毛毛虫感受到一只庞大的草食动物扑面而来的气息时，会迅速卷成球状从叶子上滚下来，捡回一条命！

总之，山羊真的不容小觑。

咦？耳机里传来绵羊的声音，说它们还有更厉害的东西。

但是，它们要我开一个绵羊专属的新章节。那么……第2部分，走起！

动物的思考方式

植物种类成千上万，唯有甘蔗甜甜蜜蜜。
——偶然在网上刷到的马达加斯加谚语，大概是这个意思。

绵羊可以根据品种将植物进行分类。

嘭！
别着急，慢慢来。

人们是怎么发现绵羊的这个技能呢？

实验第一步：

我们让绵羊习惯吃两种草：
黑麦草，把叶片修剪得或短或长；

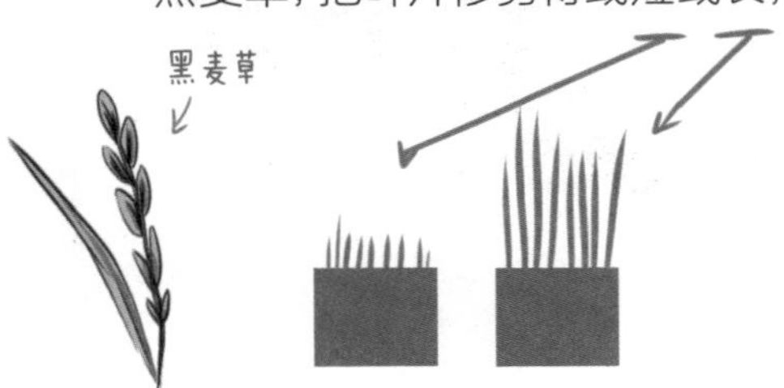

羊茅，叶片同样或短或长。

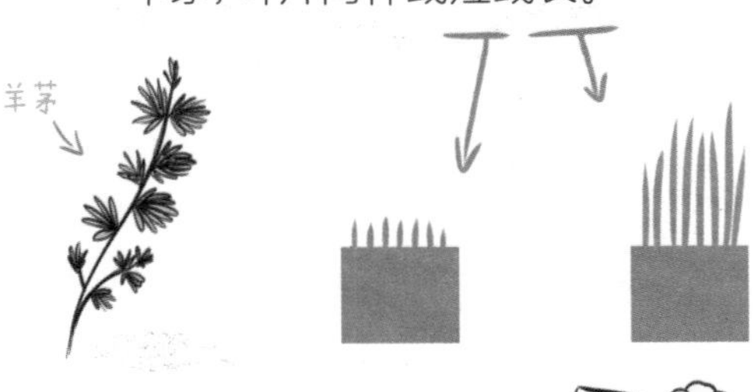

绵羊大快朵颐，对两种草都很满意。

实验第二步：

科学家在长黑麦草上加了一剂氯化锂，绵羊吃完后会暂时感到不舒服。因此绵羊开始不吃它了。

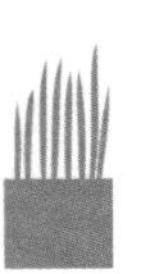

实验第三步：

现在呢，我们给绵羊提供多种选择。长黑麦草会让绵羊联想到病痛，它肯定是不吃的，因此不作为选项出现。此时绵羊会选择哪一种草呢？

长羊茅还是短羊茅？

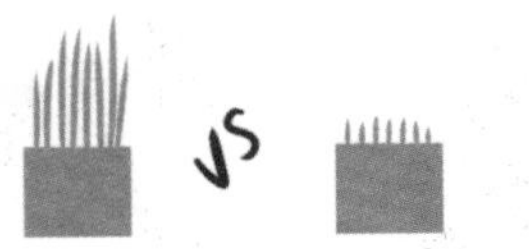

短黑麦草还是长羊茅？

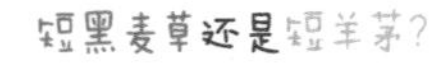

实验结果：

华尔街陷入大恐慌！

黑麦草股价大跌：羊的黑麦草消费量急剧下跌，无论叶子长短，羊都不愿再涉足其中。与此同时，羊茅的表现依旧坚挺，并未受到影响。

很显然，绵羊可以通过种类去区分两种草，而不是靠长度等特征去辨认。因为，绵羊还是会吃长羊茅，并未被迷惑！

说真的，这个能力真酷啊！

不过呢，也不至于多厉害，是吧？

这个研究团队又做了一个更复杂的实验。

我会言简意赅地介绍这个实验，因为实验过程漫长无比、拐弯抹角，而且有些地方看得人晕乎乎的（就像晚上喝多了之后看法国电视一台TF1，绝对头昏脑涨）。

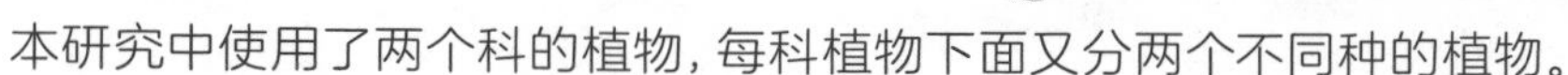

本研究中使用了两个科的植物，每科植物下面又分两个不同种的植物。

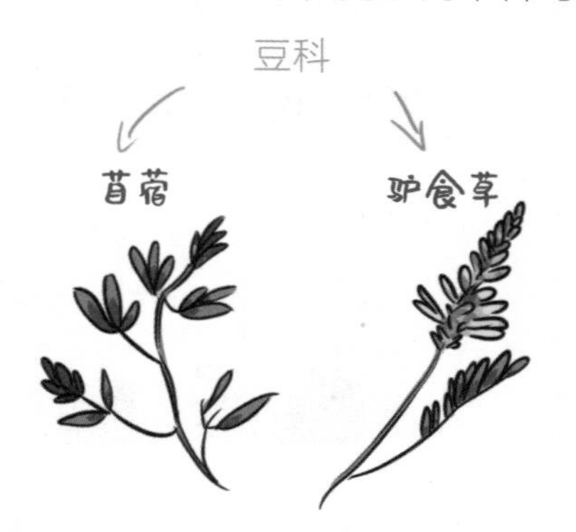

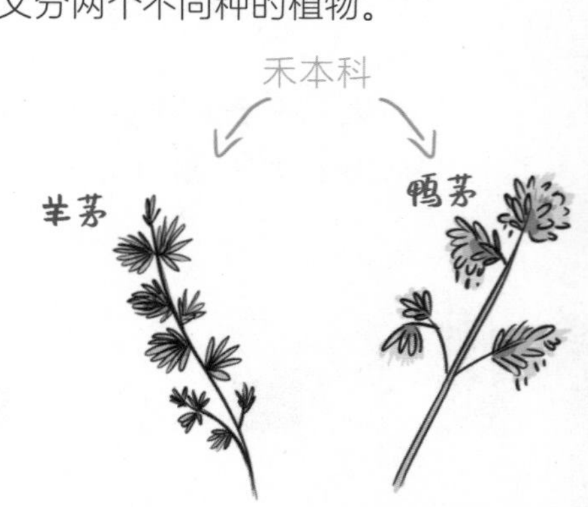

实验第一步:

在两科植物中分别选一种草让绵羊吃:

豆科的驴食草和禾本科的羊茅。
刚开始，绵羊吃得很开心，一切正常。

现在，把氯化锂加在豆科的驴食草上。

这时，绵羊不肯吃驴食草了。

不过，羊茅依旧OK。

实验第二步:

现在，我们让两组绵羊参加实验，一组讨厌吃驴食草，另一组讨厌吃羊茅。
让绵羊做一个更难的选择题：豆科的苜蓿和禾本科的鸭茅。

结果:

讨厌羊茅的绵羊仍然会吃苜蓿，而讨厌驴食草的绵羊苜蓿食用量急剧下降!

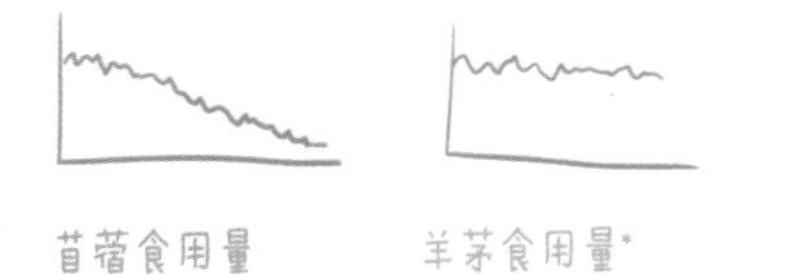

总而言之：如果驴食草=恶心，
那么苜蓿=也可能恶心，
羊茅和鸭茅美味依旧!

因此，绵羊拥有分类能力，可以分辨出植物属于豆科还是禾本科。
它的分类方式至少已经详细到以**科**和**种**为单位。

此时，我觉得已经够震撼了。

接下来的实验，绝对会让你惊掉下巴！
2006年，约翰·维拉尔巴、弗雷德里克·普罗文扎和莱恩·肖做过一个实验。
系好你的安全带，我们出发了！
实验中有3种会导致不同症状的食物，以及3种对应的解药。

食物	症状	解药
大麦	胃酸过多	膨润土（钠）
单宁（混合大麦和苜蓿）	消化不良、食物中毒	聚乙二醇（PEG）
草酸（混合甜菜根渣、苜蓿渣和黄豆渣）	持续呕吐、胃痛等	磷酸氢钙

实验中有两组绵羊。

第一组绵羊将会经历：

因此，解药完全没派上用场，绵羊根本不知道解药有什么用。

第二组绵羊的实验顺序是“正确的”：

为了方便绵羊区分，解药中增加了人工调味剂——膨润土：洋葱；聚乙二醇：椰子；磷酸氢钙：葡萄渣。

实验目的：让绵羊找到患病与痊愈之间的联系，得知某种症状由某种食物引起，而且可以对症下药。

让两组绵羊先吃一种“有毒”的食物，然后有3种解药可供绵羊选择。

初步结果：只有第二组绵羊会在中毒之后找解药吃。

更惊人的发现：绵羊并非随意抓药，而是对症下药。

5个月后，绵羊还是能找到正确的解药哦！

本研究者称，此实验首次成功证明：动物可以根据自身症状，选择合适的药物自救。

显然，绵羊懂得服用适量的药物，而且这种能力极有可能在族群内传播，因为绵羊妈妈的觅食选择强烈地影响着绵羊宝宝们的选择。

绵羊啊，真是不容小觑！

你们科学家一天到晚只关心能不能做成，却从不思考自己该不该做。
——伊恩·马尔科姆博士，电影《侏罗纪公园》

咯咯咯！柜子里的鸡按捺不住叫出声啦。

如果光看绵羊就已经让你大吃一惊，那接下来的内容，你可要做好心理准备。

2011年时就有研究证明，小鸡破壳而出时，就已经精通世界的物理定律了。

创造了某些世界奇迹的物理大师们和鸡可能是同一个物种……你可能已经猜到我要说什么了……对，金字塔！咦，金字塔长得就很像鸡的尖嘴巴啊！

又是实验：

有两组小鸡：

第一组：

让小鸡熟悉一个细长的管子。

第二组：

让小鸡熟悉一个粗短的管子。

把小鸡放在一个透明的亚克力箱子里，在它面前放两块一模一样的塑料挡板，随后向小鸡展示你要把它熟悉的管子藏在某个挡板后面。

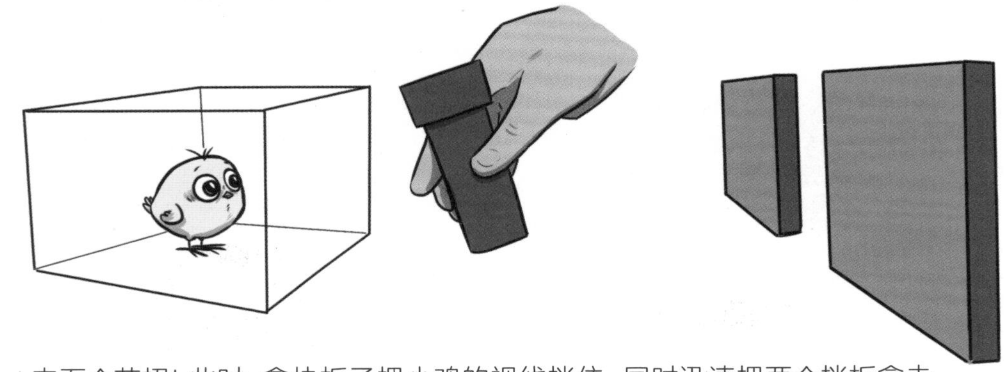

来耍个花招！此时，拿块板子把小鸡的视线挡住，同时迅速把两个挡板拿走，换成两个形状完全不同的挡板：两块板子要么同宽不同高，要么同高不同宽。

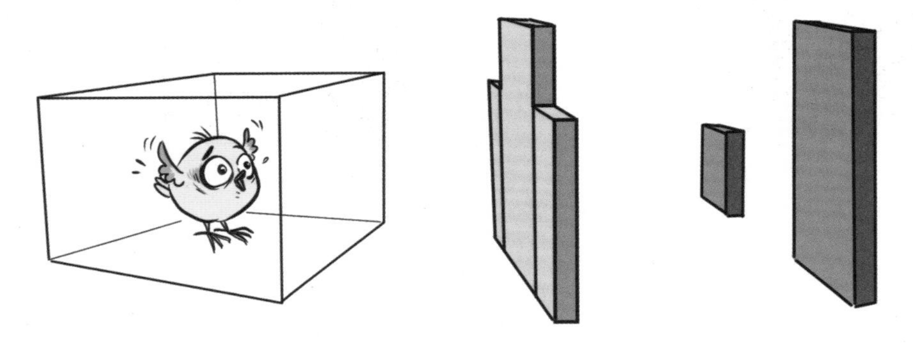

重点是，只有其中一个挡板的尺寸能藏得住小鸡想找的管子！
（对了，为了防止小鸡动用别的“超能力”去找它，其实东西根本没有藏在板子后面。）

结果：

小鸡直奔那块尺寸合适的板子后。

一秒都不带犹豫的。
就像这样。

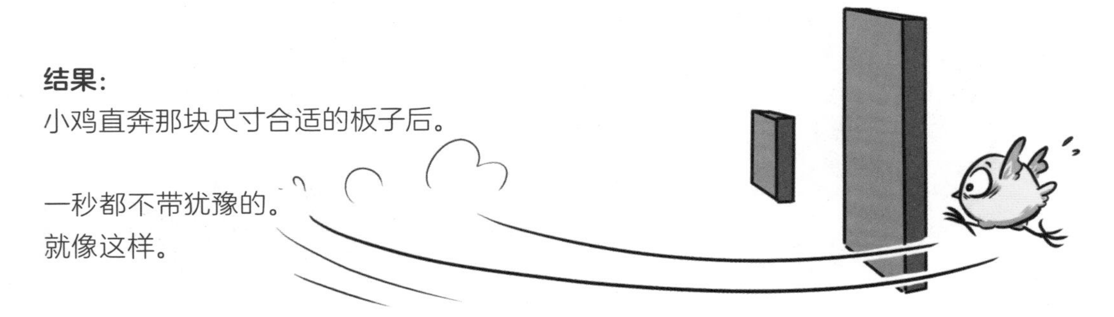

朋友们，我们可以从中得出什么结论呢？

从出生开始，小鸡就能认识到所谓的“客体永存性”。

换言之，即使看不见这个物体，它们也能感知到这个物体的存在。

（也有其他研究表明，鸡在这一方面能力非常出色）。

除此之外，小鸡还能判断物体的各种物理特征，比如不同挡板的长度、宽度、硬度等，从而得出结论。

这只小鸡才出生4天。

人类幼儿出生14周后才勉强开始有这个能力哦。

这只是“开胃菜”而已啦，让我们以光速继续前进！

认识规律的模式是认识世间万物的基础。

就好比学习一门语言，要学习主语、谓语、宾语等。

还是实验：

2016年，意大利也有一个类似实验。

刚出生两天的小鸡被放进了一个三角形的实验空间。

三角形的两角各放一个盘子，然后用不透明的挡板挡住。

其中一个盘子上，放着小鸡最爱吃的面包虫。

另外一个盘子上什么也没有。

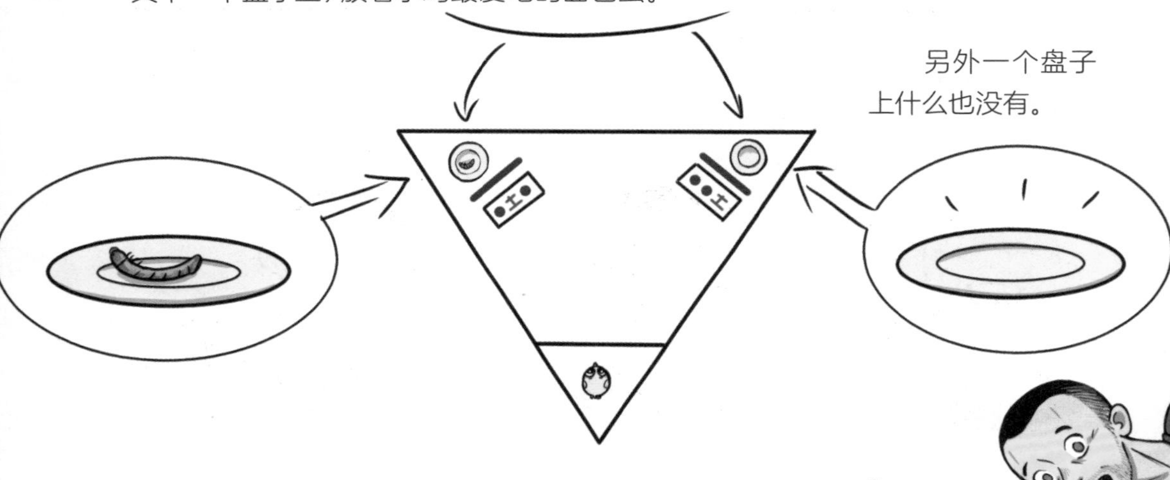

现在，请你来当一下小鸡。我还是会跟你说人话的，别担心。

现在，你被放进这个三角形空间中，面对着两块挡板。

挡板上各有一组排列好的几何图形。

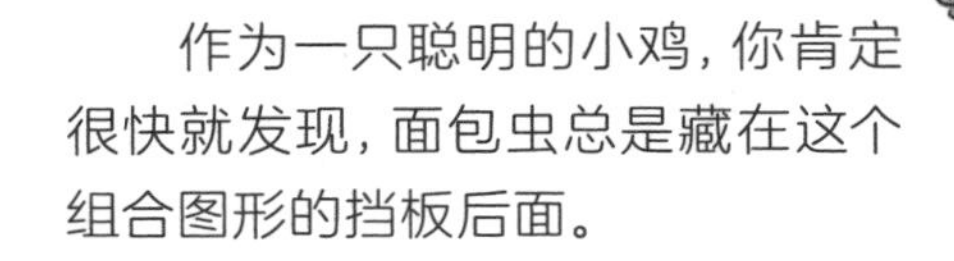

作为一只聪明的小鸡，你肯定很快就发现，面包虫总是藏在这个组合图形的挡板后面。

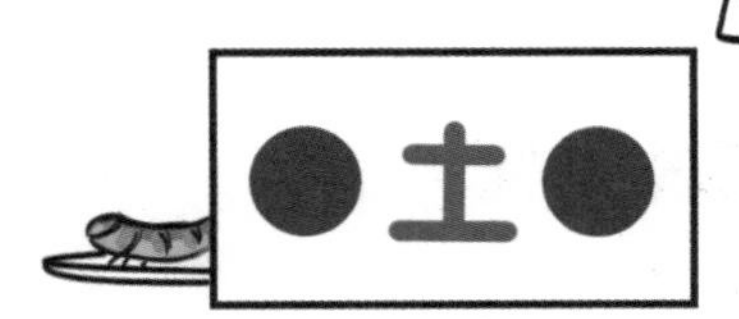

现在，我把你拎出来，怜爱地捧在手心，亲亲你的头，一分钟后，再把你放回三角形空间，此时挡板上的图案换成：

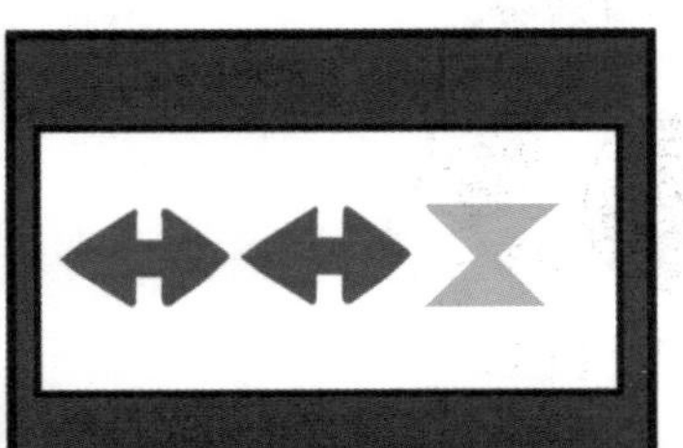

面包虫在哪里？

提示：
图案的颜色和形状不重要，重点是排列顺序！
排列公式：ABA或AAB。

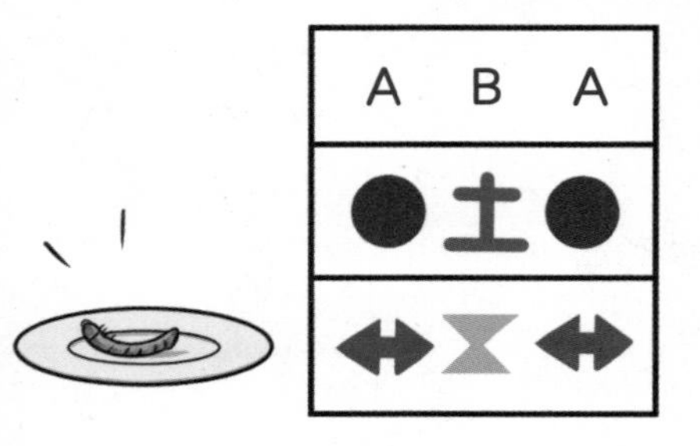

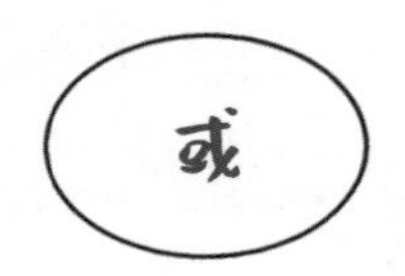

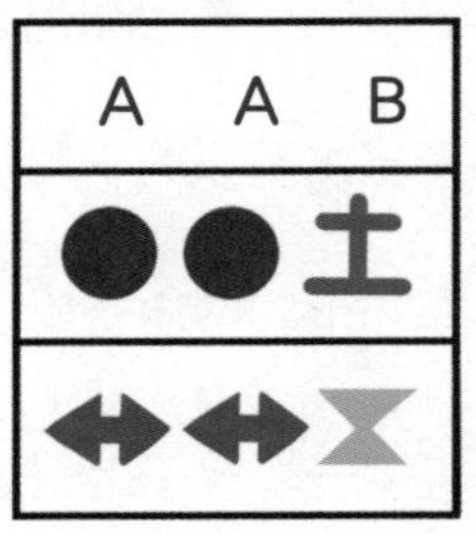

小鸡很聪明，所以实验中的小鸡成功找到了面包虫，像动动手指一样轻松。

不过，小鸡可没有手指哦。

什么？

可想而知，它们的段位之高。

你也想吃面包虫？随你啦……

还有其他实验证明，和杂乱无章的排列相比，小鸡能够认识逻辑性强的排列。它们还能认识纯音频的模式，或视听结合的模式。此处就不赘述细节了。

总之，鸡，无所不能。

在一些美国赌场，甚至有鸡专门负责下圈叉棋。

人们输得一败涂地。

总之，鸡是无与伦比的逻辑学家和数学家。

鸡的IQ：5000。

我没说过吗？

我的天！

又是实验：

还是意大利研究团队。

人们研究动物的数字能力，已经有些年头了。

其中一些最让人震惊的实验结果，主角就是我们的鸟类，确切地说，是鸦科和鹦鹉，还有……鸡！

2007年，胡佳尼、雷葛兰和瓦罗尔提加拉这3名研究人员已经证明，小鸡拥有序数排列的概念。

在实验中，一列有10个洞，科学家把食物放进第四个洞里，经过训练后，这些聪明鬼很快就知道要去第四个洞啄食。

（"聪明鬼"说的是小鸡，不是科学家。科学家当然也找得到，但这是小鸡的实验啦。）

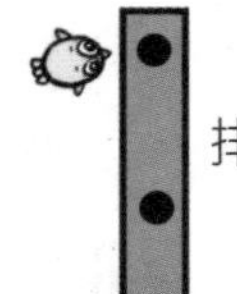

甚至当洞的间距发生变化时，或者改变排列方式时，它们还是能直奔目标。

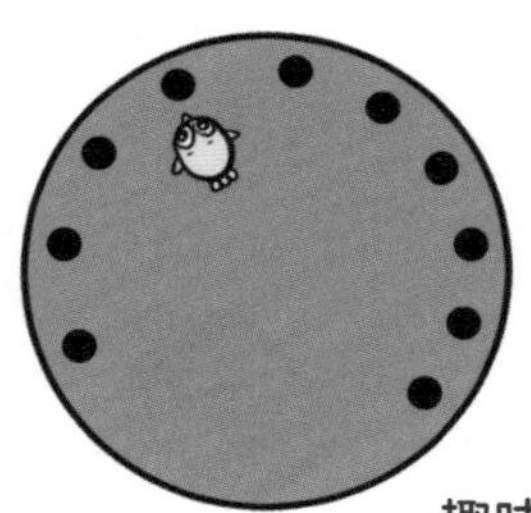

因为，小鸡会认真思考洞在排列中的位置。

趣味知识：

如果我们用竖排的洞去训练小鸡，再用横排的洞时……

就会出现一个问题！

此时有两个"第四个洞"：一个从左数排第四，一个从右数排第四！

人类一般喜欢从左到右数，但是长久以来，我们都觉得这个做法单纯与文化相关。

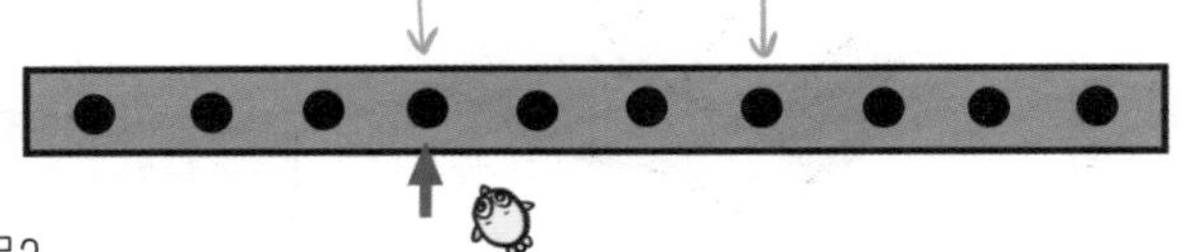

小鸡会怎么办呢？

结果是，绝大多数的小鸡都从左数到第四个洞。

我们发现，在处理空间位置和数量方面，各种动物的头脑（包括人脑）彼此间联系非常紧密，有着相通之处。

感兴趣的话，可以去搜一搜"SNARC（空间数字反应编码联合）效应"，绝对不会让你失望。

时间来到2009年。

在开始之前，我们要明白，大多数动物在面对两个数量的东西时，总是喜欢数量更大的那个。

就好比，你更喜欢10元钱还是10000元钱？

懂了吧。

另外，鸡还存在“烙印”现象：在破壳而出后，小鸡会和兄弟姐妹、母亲、游戏手柄*形影不离，一起度过一个非常重要的阶段，彼此的社交关系十分紧密。

因此，在实验中，科学家利用小鸡的“烙印”特性，将小鸡与几个无生命物体建立联系，以便调整各种参数、进行物品的移动。在此研究中，小鸡与5个红色胶囊亲密无间，建立了“烙印”关系。

在小鸡出生第三天时，在它们面前放两块不透明挡板。

（这个画面真是似曾相识啊！）

实验第一步：

在一个板子后面，按顺序放3个胶囊。

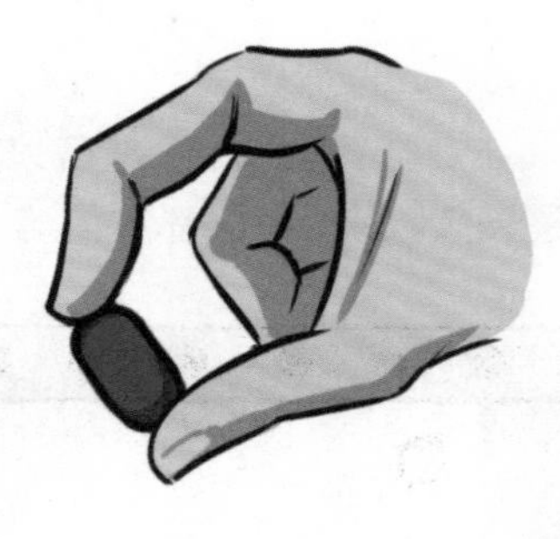

另一个板子后面，放2个胶囊。

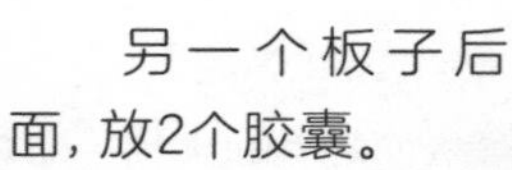

目睹一切的小鸡会直接跑到藏着3个胶囊的板子后。
客体永存性+加法+对物体数量的记忆力。
OK，很酷。

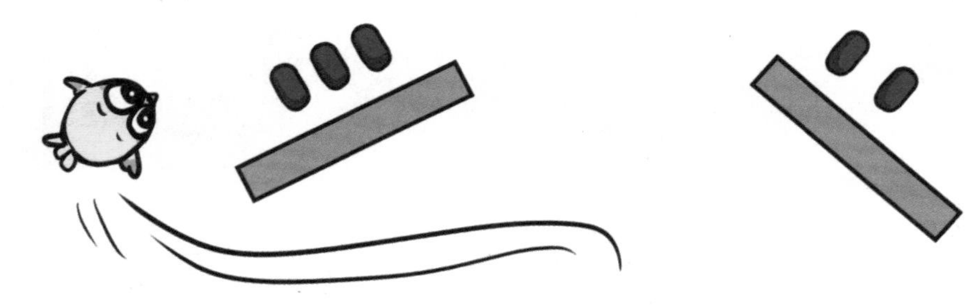

实验第二步：
在左板后藏4个胶囊，在右板后藏1个胶囊。
被关在透明小箱子里的小鸡，只能看着这一切发生。

如果此时把它放出来，它会立刻去左边。
让我们先等一等。

“哪有这么简单，小毛球，我们可是为你制订了宏伟的计划哦。”研究人员巨大的脸庞浮现在小鸡面前，温柔地对它说。

（研究人员的脸其实不大啦，但对小鸡来说确实很大。）

在放出这只小黄毛球之前，她把2个胶囊，一个接一个，从左板后移到了右板后。

小鸡每次只看到1个胶囊的移动。

暑假作业练习题：

在移动完成后，左边有______个胶囊，右边有______个胶囊。

让我们总结一下，便于理解这个复杂的过程：

① 开始的时候，小鸡看到左边挡板藏的胶囊更多（4个 vs 1个）。

② 然后，它看到1个胶囊从左边去了右边。

③ 最后，又有1个胶囊从左边去了右边。

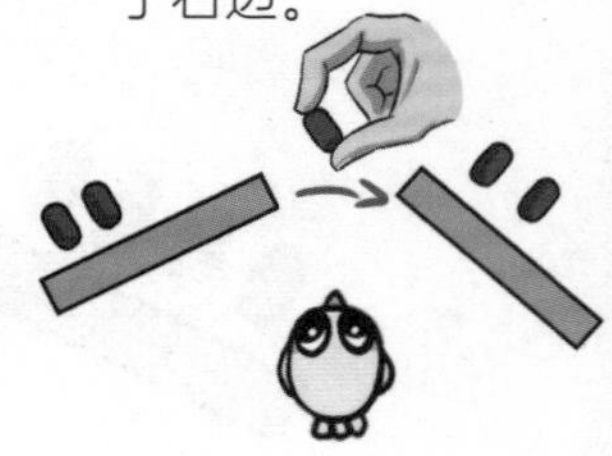

现在，为了知道右边的胶囊更多，

那么小鸡要：
记住一开始两个挡板后的胶囊数量，
做**减法**（4−1−1），
做**加法**（1+1+1），
把算术和胶囊的移动过程相联系，
推算出最后的结果。

刚出生3天的小鸡肯定是没办法……等等……不会吧……

它们做到了。

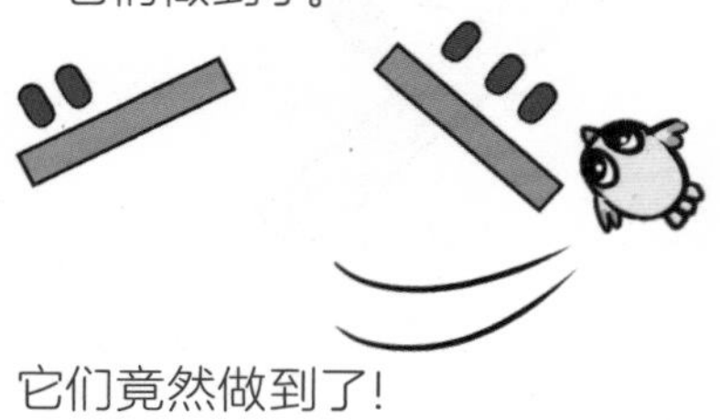

它们竟然做到了！

还有一些更令人震惊的发现，起码要讲几个小时才能讲完（比如鸡似乎掌握某种程度的元认知能力，也就是对自己“认知”的认知，评判自己对某个信息的掌握程度）。

但是呢，现在到小猪的环节啦！

“在第二个路口右转，相信我。”
在发现新美洲大陆的途中，克里斯托弗·哥伦猪*曾言道。
（它可没像某人一样搞错路线哦。）

如果说鸡是逻辑学家，那么猪就是地图测绘员。

你要开始讨论方向感了吗？

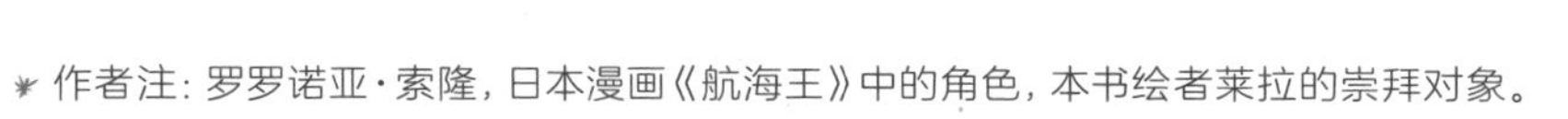
* 作者注：罗罗诺亚·索隆，日本漫画《航海王》中的角色，本书绘者莱拉的崇拜对象。

猪的空间记忆力非常厉害，让它得以通过重重迷宫的考验：

T形迷宫：

正确答案

错误答案

食物

入口

还有Y形迷宫：

洞洞板：

藏好的奖励

赫布-威廉姆斯迷宫：

①

食物/出口

入口

②

出口

入口

③

入口

八臂迷宫：

（藏有奖励）

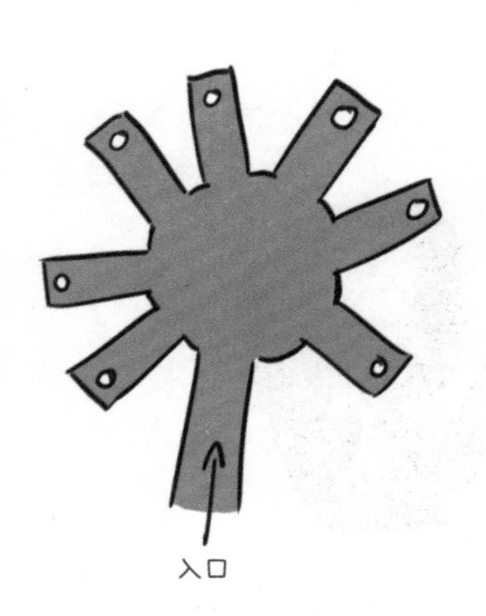

莫里斯水迷宫：

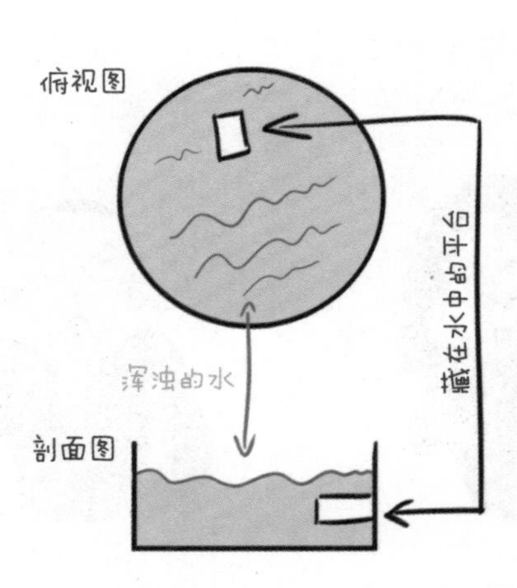

其他迷宫：

2009年，詹森团队所使用

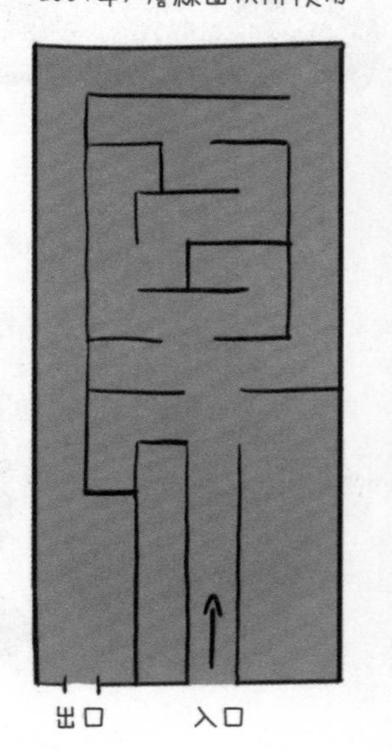

对猪而言，这一切，都洒洒水*啦。

不过，猪不仅仅是记住路线而已。

食物的品质、位置以及出现的时间，猪可以厘清这三者之间的关系。

用人话来说：就是菜品、餐厅的地点和营业时间啦。

就好比，左边的饲料箱是“里昂家小吃店”，每两天上架一次“一般般”食物。

右边的饲料箱是“鹰嘴豆泥天堂”，每五天上架一次“超美味”食物。

在实验阶段，小猪可以：
自由选择，从一家餐厅吃到另一家，一周之内，想去哪儿就去哪儿。

又或是，在研究人员预定的时间做单选题，一旦选择了一家餐厅，另一家马上关门大吉，永不营业。

当然，后面还会再开业啦。“永不营业”只是对本次实验而言。
“永不”听起来更有戏剧性嘛……好的，我继续。

重点是，在这天，小猪没有其他选择，只能在这家餐厅吃。

结果:

通过实验明显观察到，经过训练后，小猪每5天进一次“超美味”饲料箱，每两天进一次“一般般”饲料箱。

说真的，这已经够震撼了……

猕猴也被做过类似的实验，但是说实在的，小猪的测试表现比猕猴更优秀！

通常，大家都觉得猪什么都吃，饥不择食。

但其实，猪根本不是什么都吃！

它们挑食得很，挑三拣四，而且各有所好。

2018年有一项研究，针对猪的口味偏好进行测试。测试对象是一组能够代表广大猪民心声的评委猪。

虽然不同个体间存在巨大的口味差异，但是有3种食物最受各位评委的喜爱：奶酪、香肠和苹果。呼声也很高的M&M巧克力豆紧跟其后，永远名列第四。

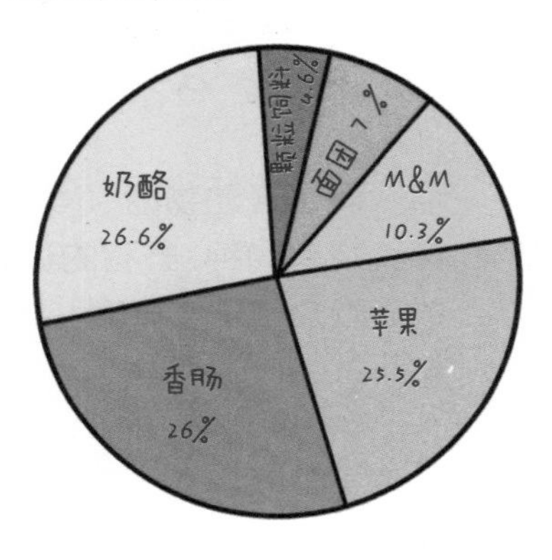

本研究还发现，在面对唾手可得的“一般般”食物，以及要耐心等待的“超美味”食物时，小猪宁愿多花时间等待美味佳肴，也不愿意凑合吃一顿。

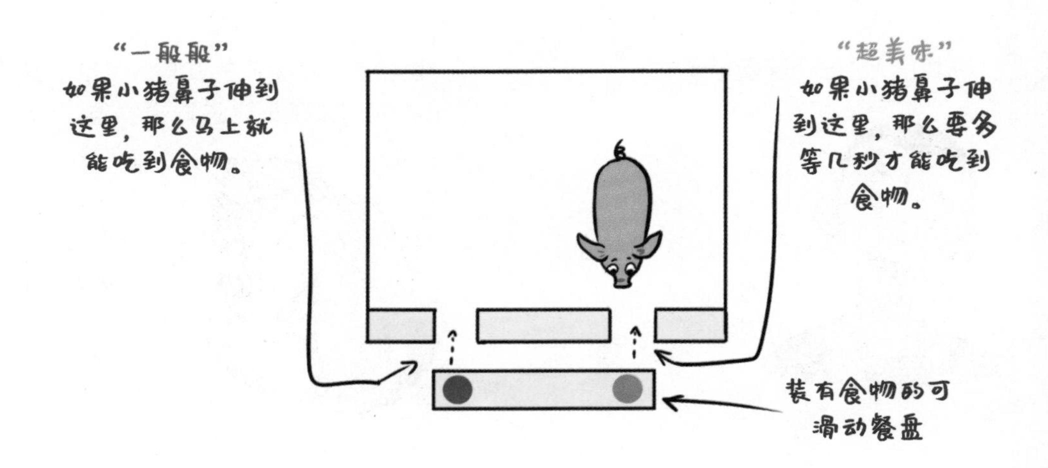

总之，猪是有品位的美食家……并不是“猪头猪脑”的贪吃鬼哦！

2015年，在瑞士的一家动物园中，人们看到野猪（家猪算是一种被驯化的野猪）叼着沾满沙子的苹果，到猪圈旁的小溪洗干净再吃。但是，如果是干净的苹果，它们会直接吃掉！

猪讲起卫生来，真不是开玩笑的。

还是在动物园：2019年，在巴黎的一家动物园中，人们看到米沙鄢野猪（菲律宾特有物种，野猪的近亲）用木棍挖洞筑巢。这可能是人们首次观察到这一科的动物会使用工具哦。

猪那令人惊叹的空间记忆力已经毋庸置疑了，现在让我们来继续探讨猪的另一个技能：**情景记忆。**

情景记忆就像是一种“自传式”的记忆。

情景记忆让我们记住一件事情的各个方面：人物、时间、地点和当时的情绪状态。

情景记忆是自主意识的重要组成部分。

观察动物的情绪哪有这么容易？还要研究动物能否“记得自己的情绪”？我们人类可以用语言来表达主观情感，它们能吗？

我们不可能只是让动物躺在沙发上，问它：“请告诉我，您感觉如何？”

因此，若想测试动物是否拥有情景记忆，我们通常只能测试它们能否记住地点、物体、人物和时间。

据我所知，我们要讨论的是目前唯一一个测试农场动物情景记忆的实验。

嗯，看来，大家都对此毫不在意嘛。

又是实验：

（没事，你会慢慢习惯的。）

有两个猪圈。
一个是水泥地面，另外一个是黑色橡胶地面。
它们表示两个不同的情景，代表“时间”：
“地面是水泥的时候”以及“地面是黑色橡胶的时候”。

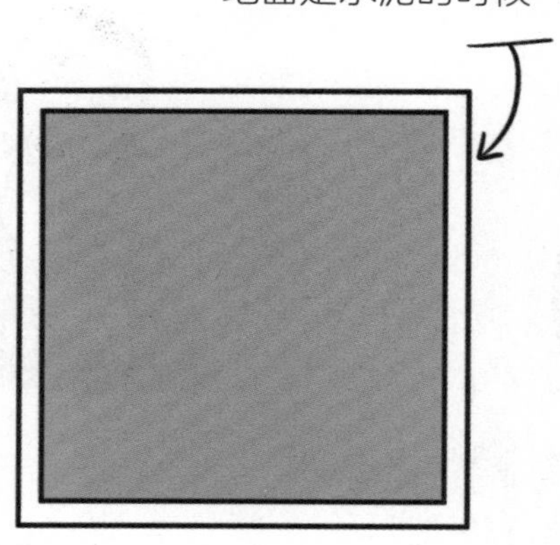

两个猪圈被划分成4个区域。
东西会放在远离入口的两个区域，这些区域代表“地点”：
“左边的部分”或者“右边的部分”。

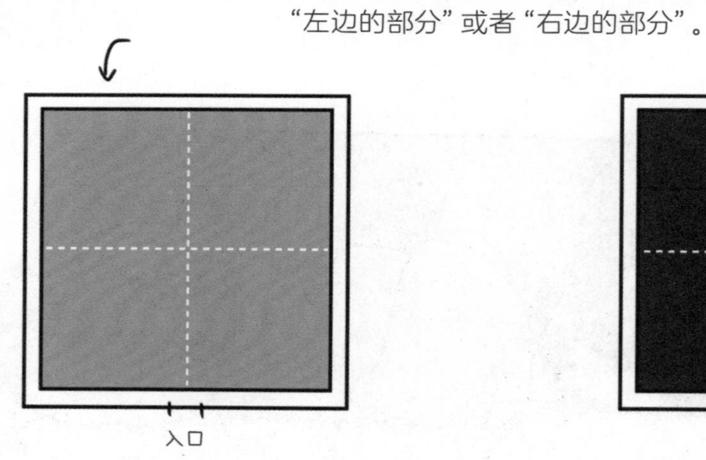

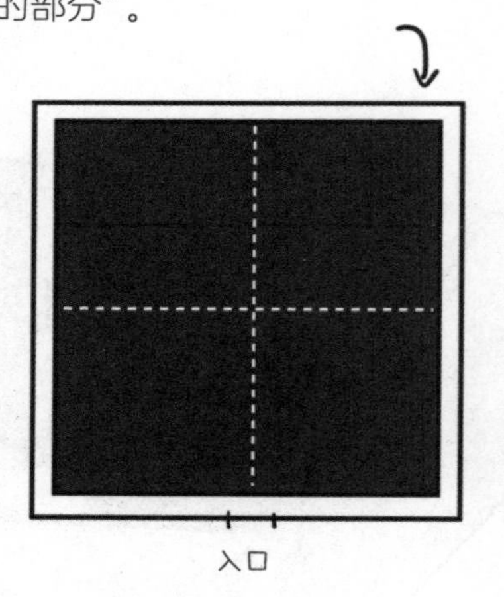

实验中将会用到5个物品：

一个橙色交通锥

一个长方形金属盒

一个马蹄铁

一块木质切菜板

一只木质衣架

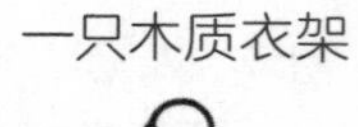

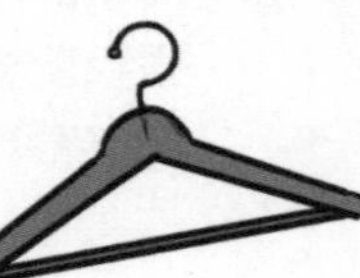

它们代表“物体”。

我们先让小猪熟悉不同的情景，比如：

在水泥地猪圈，左边放马蹄铁，右边放交通锥。

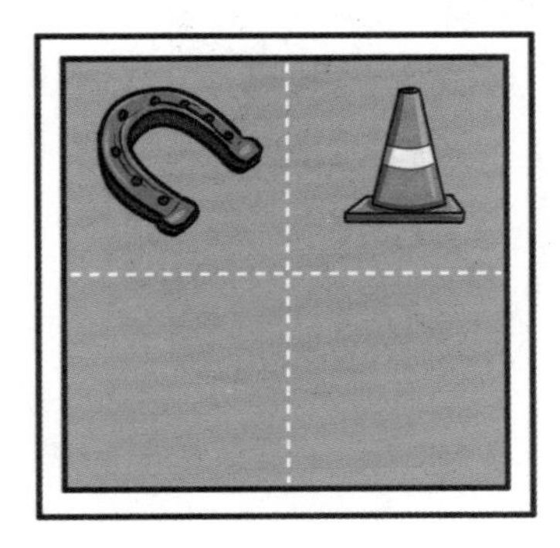

在黑色橡胶地猪圈，左边放交通锥，右边放马蹄铁。

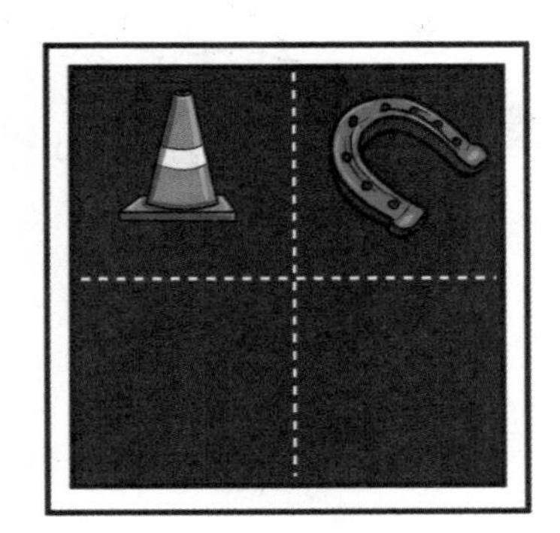

3

在水泥地猪圈，左右两边都放马蹄铁。

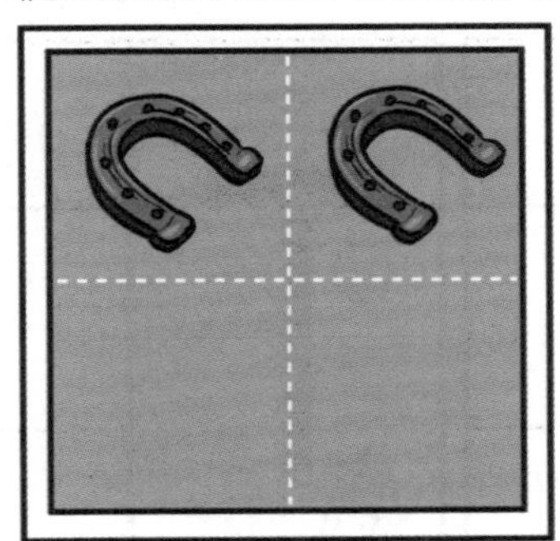

如果猪牢记以上所有因素，那么此时它应该对放右边的马蹄铁更感兴趣，因为这是它第一次看到这种情况！

小猪熟悉的情况是，在水泥地猪圈时，马蹄铁是放在左边的。

当它看到马蹄铁在右边时，地面应该是黑色橡胶，而不是水泥。

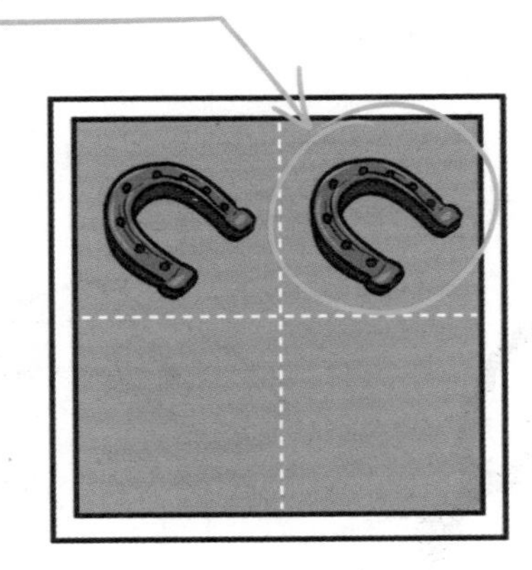

结果，确实如此！

小猪对右边这块马蹄铁非常在意，进行了深入的“研究”！

因此，它们记得“时间”、“地点”和“物体”！

关于情绪状态，让我们回忆一下“超美味食物”“什么时间”出现在“哪里”的实验，不难想象，小猪吃到美味奖赏时肯定很开心。因此这种情绪也会被小猪记住。

综上所述，我们合理地推测，猪和人类一样拥有自传式记忆的能力！

另外，据称猪可以利用镜像找到隐藏的奖励（此处就不展开描述实验过程了，曾经有过一次成功的实验，虽然非常有说服力，但有人在2014年试图再现实验结果时，却以失败告终。抱着怀疑的态度，我们暂且不论细节）。

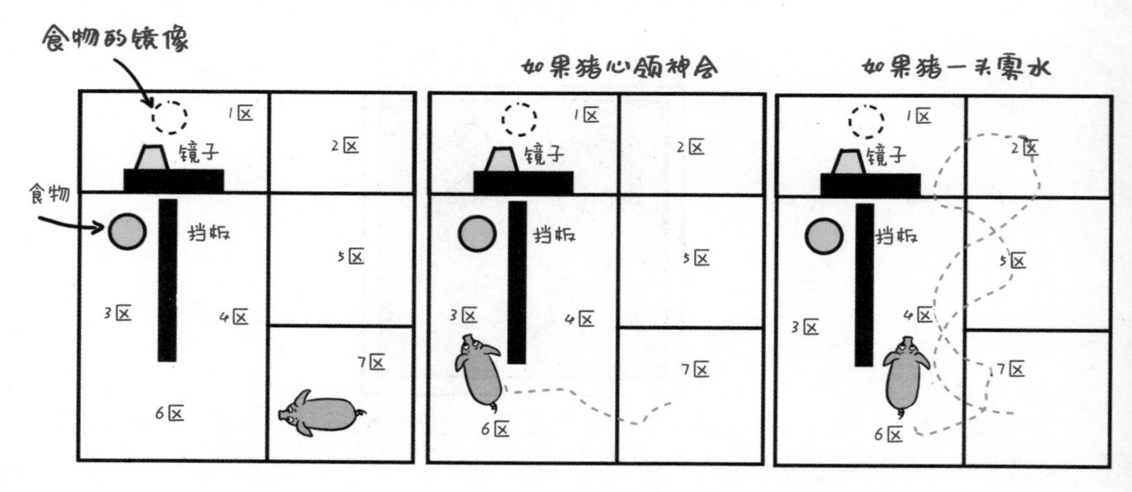

既然提到了2014年的镜像实验，让我们看看绵羊参与的一个类似实验吧。虽然它们似乎不怎么去用镜像找食物，不过研究人员发现，有一些威尔士山地羊在镜子前举止十分奇特，因此他们猜测绵羊可能认识自己！

说到这里，就不得不提到我们的牛了……

“噢，其实我知道出口在哪儿。但是这里的草很好吃，我也遇到了很好的人，我就一直待在这儿了。”在迷宫里，牛头人弥诺陶洛斯对忒修斯说道。话音刚落，它就被忒修斯斩首了。*

同样，牛也会将“超美味”食物与特定的地点联系在一起。

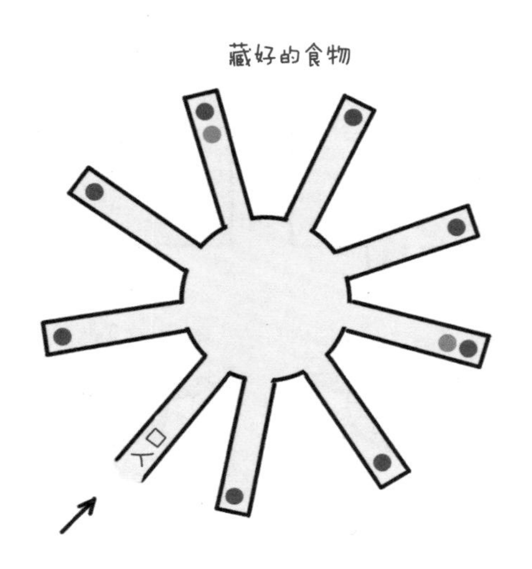

在八臂迷宫中，研究人员在每一条岔路的尽头都放了“一般般”的食物，这时候牛会使用赢则变*技巧：一旦去过一条岔路，它就不会再回去，而是换一条岔路寻找食物。实验证明牛拥有强大的工作记忆，其他研究也证实了这一点。

如果我们在其中两条岔路放“超美味”的食物，那么牛会改变行走路线，直奔这两条岔路而去！

一个月之后，它们也没有忘记行走的路线哦！

因为牛真的有记忆力，超牛的记忆力。

在2011年的一项研究中，塑料盒子被摆成8×8的网状格局（共64个），小公牛们需要在众多塑料盒中寻找食物。

大部分盒子都是空的，除了其中4个。

每一次实验都是相同的4个位置。

才一会儿工夫，小公牛就找到并且记住了这4个盒子的位置。这对它们来说真是小菜一碟。

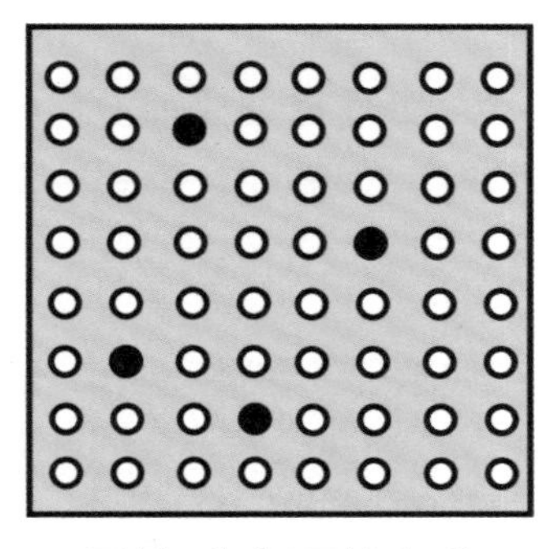

显然，牛很不健忘哦。

厉害的是，在5天、10天、20天、48天之后，它们还是记得一清二楚。

还有一个更新的实验，2016年，日本的研究人员让牛挑战越来越错综复杂的迷宫，共4种难度，简直像在玩DOOM*一样复杂。

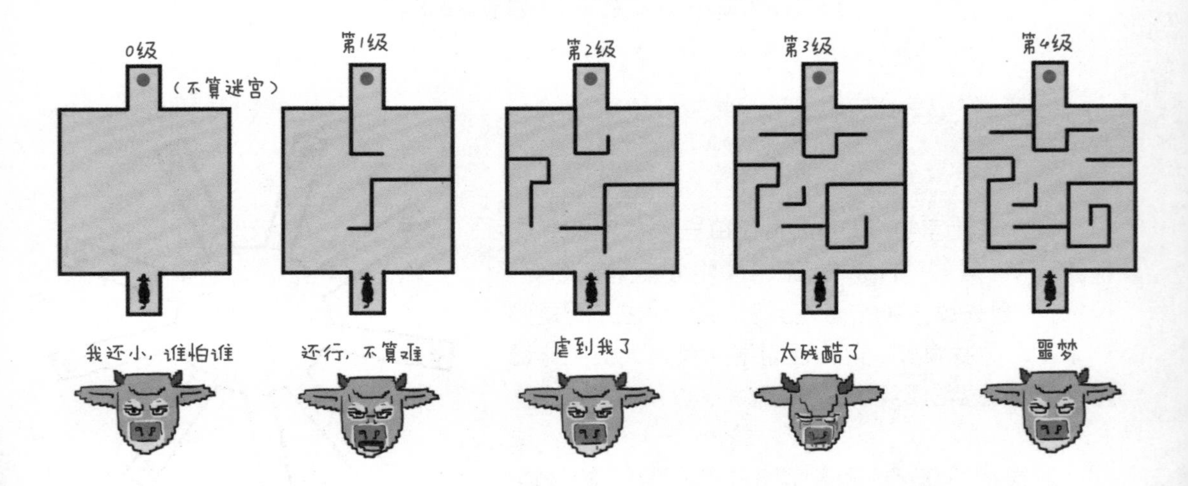

慢慢地，它们学会在迷宫中自如穿行，有20%的小公牛甚至把第4级打通关了。

更令人震惊的是，6个星期后，当再次回到同样的迷宫时，它们就像刚走完一样畅通无阻，没有忘记任何细节。

2014年，在日本的另一个迷宫实验中（日本科学家真是迷宫狂），用了不到一天时间，牛就发现了一种视觉线索（塑料容器）和“超美味”食物的关系。

一年后，小牛即使在此之前没有再看过这个塑料容器，仍然能一看到就联想到饲料。

总之，如果有一天你惹到了哪只牛，第二天，或者一年后，甚至30年后，当你走进一条昏暗的小巷，你会发现尽头处有一双闪烁的眼睛恶狠狠地盯着你……

牛从未忘记你，牛不会放过你。

试试从左边打。我就是这样赢的。我觉得当他骑鹳鸟时更容易被打败。
——《玩家一号》，恩斯特·克莱恩著

绵羊是迷宫高手，拥有疯狂的空间记忆力。

因此，在2011年，为了玩点儿花样，研究人员杰妮菲·莫尔顿和劳拉·阿凡佐为绵羊打造了一个华丽的密室逃脱游戏。

剧透一下：绵羊满级通关了。

在实验中，绵羊先进入第一个房间。此时它面临两个不同的物体，只有一个是正确答案。如果绵羊选对了，将有奖励掉落，立刻通关到下一个房间。如果选错了，没有奖励，要等20秒才能进入下一个房间。

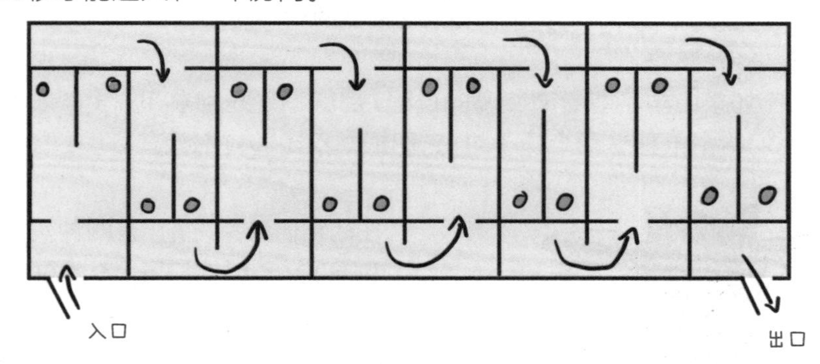

随着游戏不断推进，规则会发生改变。

比如，第一个房间内有两个大小相同的水桶，但是颜色一黄一蓝。此时“蓝色”是正解。到了下一个房间：考验绵羊记忆力的时刻，还是选蓝色。再下一个房间，还是一样的水桶，但规则颠倒了。之前都选蓝色，但现在要选黄色。

到后面，还会出现其他颜色，或者考虑水桶的形状而不是颜色，等等。

绵羊成功记住了路线。它所拥有的超强记忆力，几乎与人类和猕猴不相上下。

6个星期后，当绵羊再次回来闯关时，没有出现任何失误，一次过。佩服！

值得注意的是，绵羊在解谜时非常积极主动。显然，它们可喜欢玩密室逃脱了……

除了实验刚开始时，研究人员把选蓝色/黄色的规则颠倒后，闯关选手们看起来非常不爽！

啊！山羊提醒我，我聊绵羊聊得太久啦！

GOATS，YYDS！*

如果说鸡是圈叉棋高手，那么山羊就是猜杯子游戏的大神。

对，比绵羊更厉害，略略略。

让我们放两个魔术杯，其中一个杯子里面藏着奖励。

看着还行，不难。

可是，如果山羊不能看藏奖励的过程，那就不是一回事了。

当我们给山羊看这两个杯子时，它们根本不知道食物藏在哪里。

在让它们选择之前，有四种实验情景：

1.什么都不给它们看（不透露信息）；

2.揭开两个魔术杯（透露完整信息）；

3.揭开藏着奖励的杯子（直接透露信息）；

4.揭开空杯子（间接透露信息）。

最后一个选项是最有意思的。如果山羊懂得排除法，那么它脑内的想法是："这个是空杯子，所以另一个杯子藏着奖励……因为根据山羊定理，如果X+Y=1，Y=0，那么X+0=1，因此X=1。证明完毕。"

（山羊特别喜欢把简单事情搞复杂，大可不必。）

实验结果表明，山羊真的会用排除法！

有些山羊在尝试几次之后，就能一下子找到奖品在哪个杯子了！

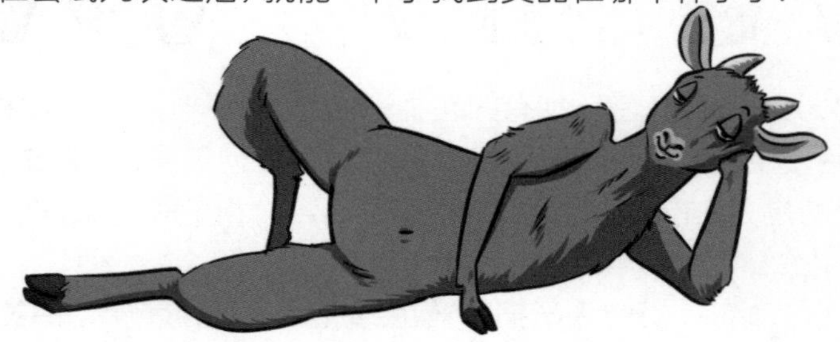

* 作者注："Goats"是指《守望先锋》游戏里的一种组队模式，由一支名叫Goats的强劲队伍发明，因此得名。而英文单词goats指"山羊"。YYDS，即"永远的神"的缩写，用来形容"非常厉害"。现在，你感受到这个标题的奥妙了吗？

同理，如果在山羊面前站着它的配偶和一只陌生的山羊，当我们播放陌生山羊的声音时，山羊就会看这只不认识的山羊。

显然，它很清楚："这不是我配偶的声音，那肯定就是另一个家伙的声音咯。"

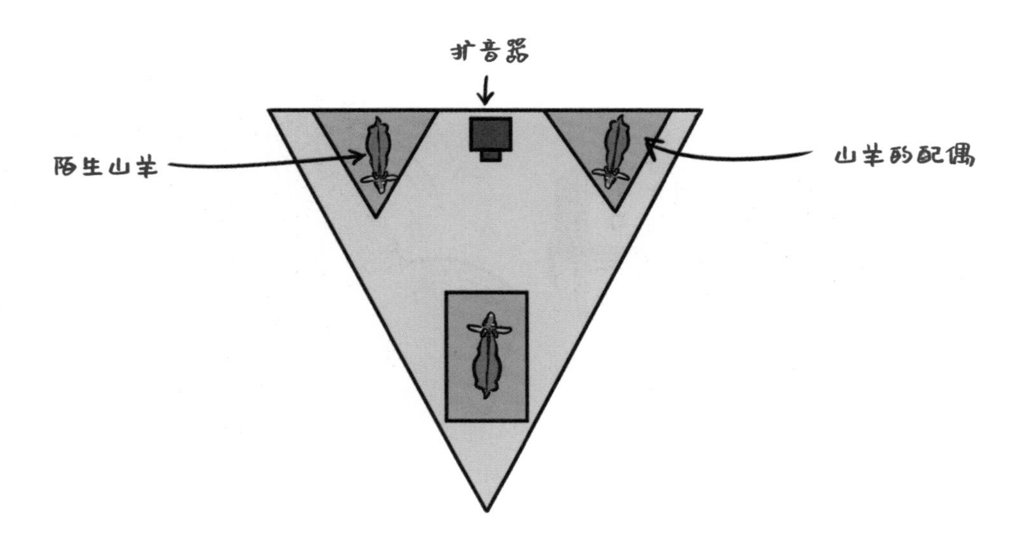

山羊擅长学习。它们可以迅速学会如何打开一个装置，各种复杂的操作都不在话下。一年之后，山羊依然可以在两分钟之内解锁这个装置。

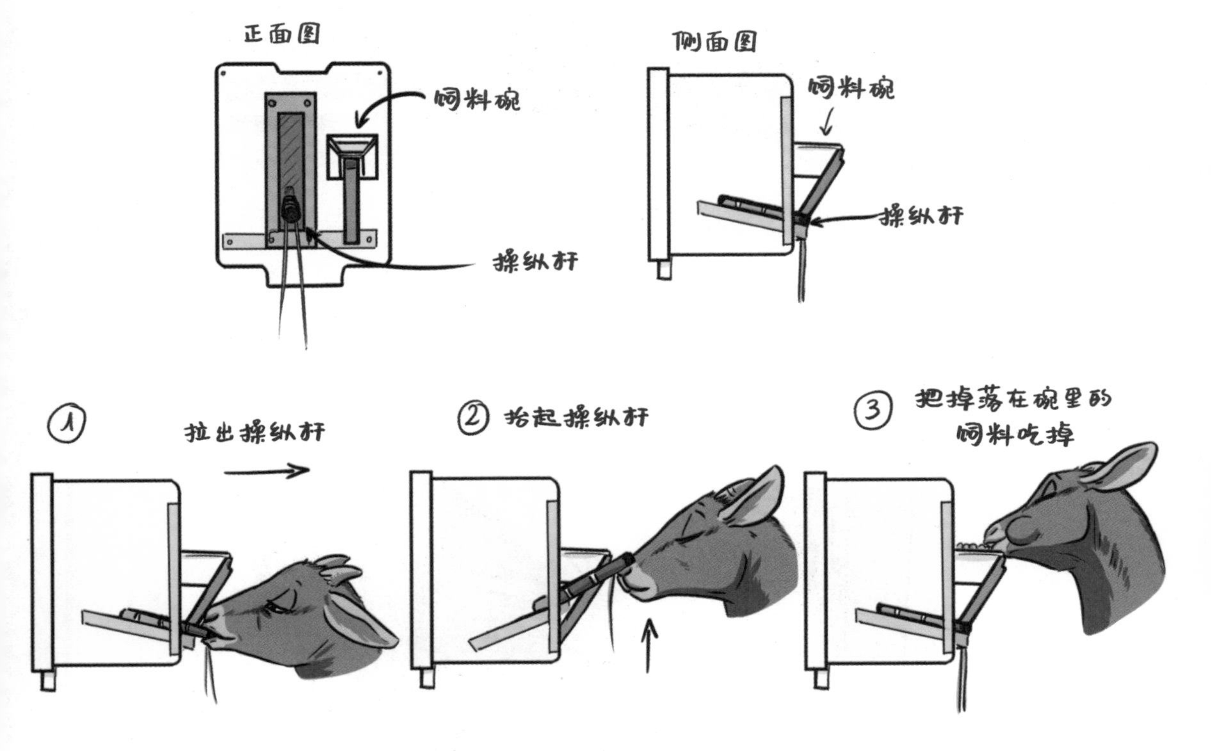

和绵羊一样，山羊可以根据物体的类别进行推论，比如区分“空心标志”和“实心标志”，不论山羊是否认识这些标志，都能够准确分类。

“这个！就是这个！太简单了。”

山羊还可以学会在4张图片中挑出特殊的图片，面对10组完全不同的标志也成功完成任务，甚至在两个月后仍然记忆犹新！

最重要的是，山羊热爱学习。真的，学习使它们快乐。

这是2009年的研究。

实验第一阶段：

先让山羊们习惯用口鼻部按住按钮来取水。
毫无疑问。它们秒懂如何用这个公共水龙头喝个痛快。

实验第二阶段：

然后，我们把一个神奇的机器带进实验室：
一个小箱子，上面有1个电脑屏幕和4个按钮。
进入箱子后，屏幕亮起，4个不同的几何图形随机分布在屏幕四周。
你要不断尝试，选出正确的图片，按下图片旁边的按钮。
如果回答正确，你就能获得水；如果没有……再接再厉。

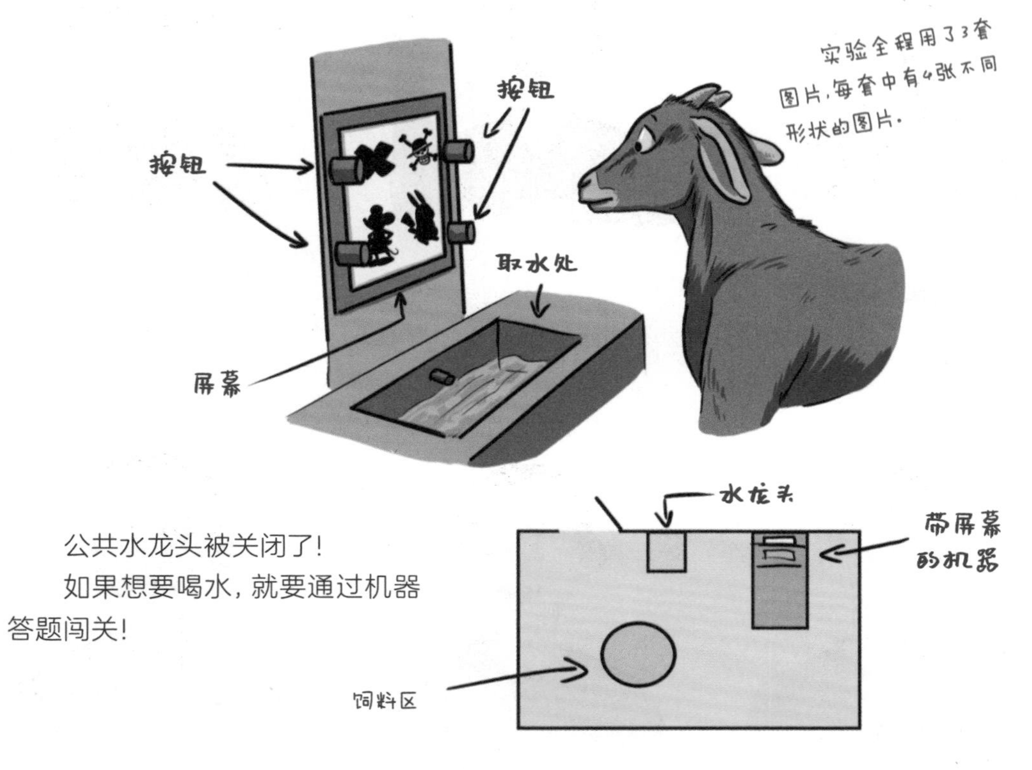

公共水龙头被关闭了！
如果想要喝水，就要通过机器答题闯关！

实验第三阶段：

公共水龙头再次开启，同时闯关机器也在运行中。

如果觉得渴，你可以：直接按下公共水龙头的按钮；通过闯关测试，按下机器上面的正确按钮。

这两种情况下，你需要付出的体力都是一样的。不过，机器闯关还需要你动脑筋。

震惊！实验发现，有好些山羊更喜欢用（甚至几乎只用）玩电子游戏的方式来取水！
尤其是在前面的闯关中成功率比较高的山羊。

总之，山羊在玩智力闯关时乐在其中。

关于猪、绵羊和牛，也有类似的实验和结果。

和不劳而获相比，很多动物更喜欢通过努力获得想要的东西。

这就是所谓的“反不劳而获”效应。在本书所有动物的身上，都有这一种倾向。

人类控制身边各种事物的能力，深刻地影响着我们的情绪状态。

所有人都想掌控自己的人生。

显然，动物们也是这么想的。

甚至在本书中没有出现的动物也所见略同。

正好，让我们来聊一聊它们的情绪吧！

动物的情绪

理论上，非常清楚了。
——根本听不懂你在解释什么的人

农场动物的情绪是当今研究的一大热门领域。

最近几年，它也是应用动物行为学研究的重要主题，拥有数不清的研究文献。

说实在的，要研究这个问题的来龙去脉，做到既面面俱到又细致入微，这绝非易事，但是我们会尽力而为的。

我们先简单了解两个主要的理论，再从理论出发进行探讨吧！

情绪是生理的、精神的状态，我们可以利用情绪，尽可能争取更多的资源，同时减少暴露在危险面前的可能性。

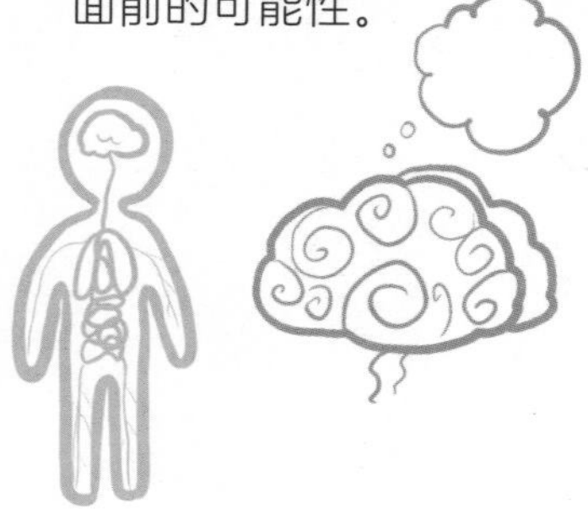

我们可以区分心境和情绪。

情绪通常是短期的，和一些特定的事件相关。

心境是长期的，源自一些同类情绪的积累，和主体的处境没有直接关系。

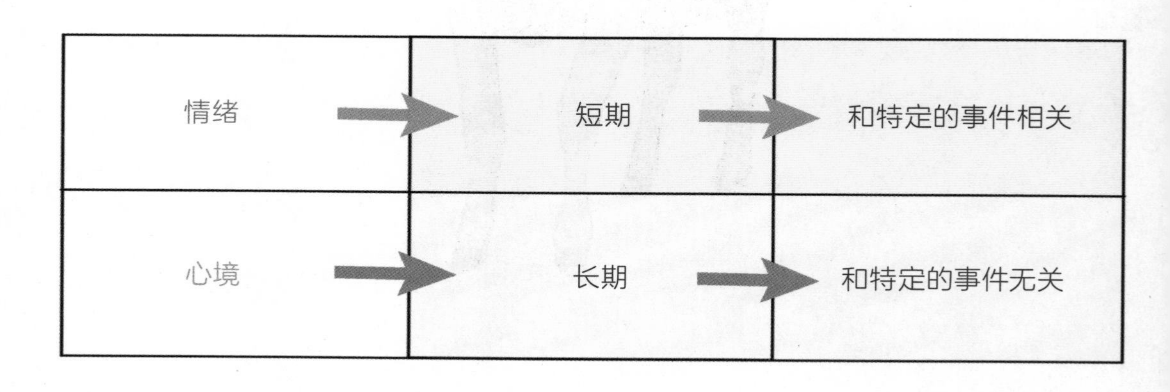

情绪 →	短期 →	和特定的事件相关
心境 →	长期 →	和特定的事件无关

通常认为，我们可以用三种方式表达情绪：

行为（高兴地蹦起来了），

生理反应（怦然心动），

主观意识（我觉得很快乐）。

不幸的是，各位是没有去过霍格沃茨的麻瓜*，没办法直接和动物沟通，无法得知它们所感受到的情绪。但是，这怎么会难倒聪明的科学家呢！

为了理解动物的情绪是怎么一回事，我们先来介绍米歇尔·门德尔和他的团队在2010年所提出的情绪维度理论。

简言之，他用两条轴线来表示情感状态和“特定”的情绪：

“激动程度”轴线（“哇”或者“嗯”）和效价*轴线（☺或☹）。

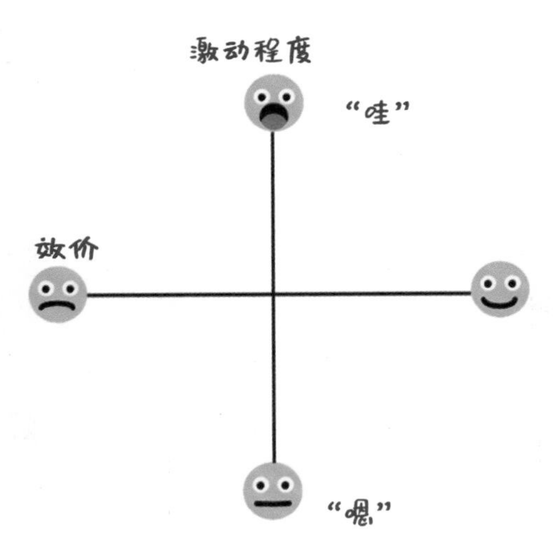

例如，“快乐”位于正向/强烈的象限，
“放松”位于正向/平和的象限，
“焦虑”位于负向/强烈的象限，
“抑郁”位于负向/平和的象限。

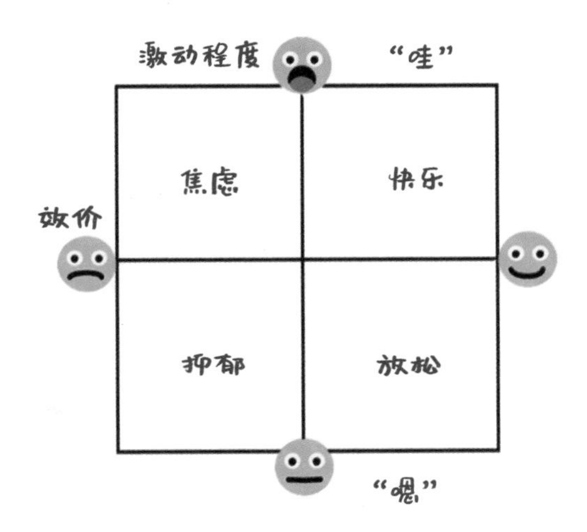

* 作者注：效价是描述一个人对于某事物感兴趣或排斥的程度，包括正性效价和负性效价。

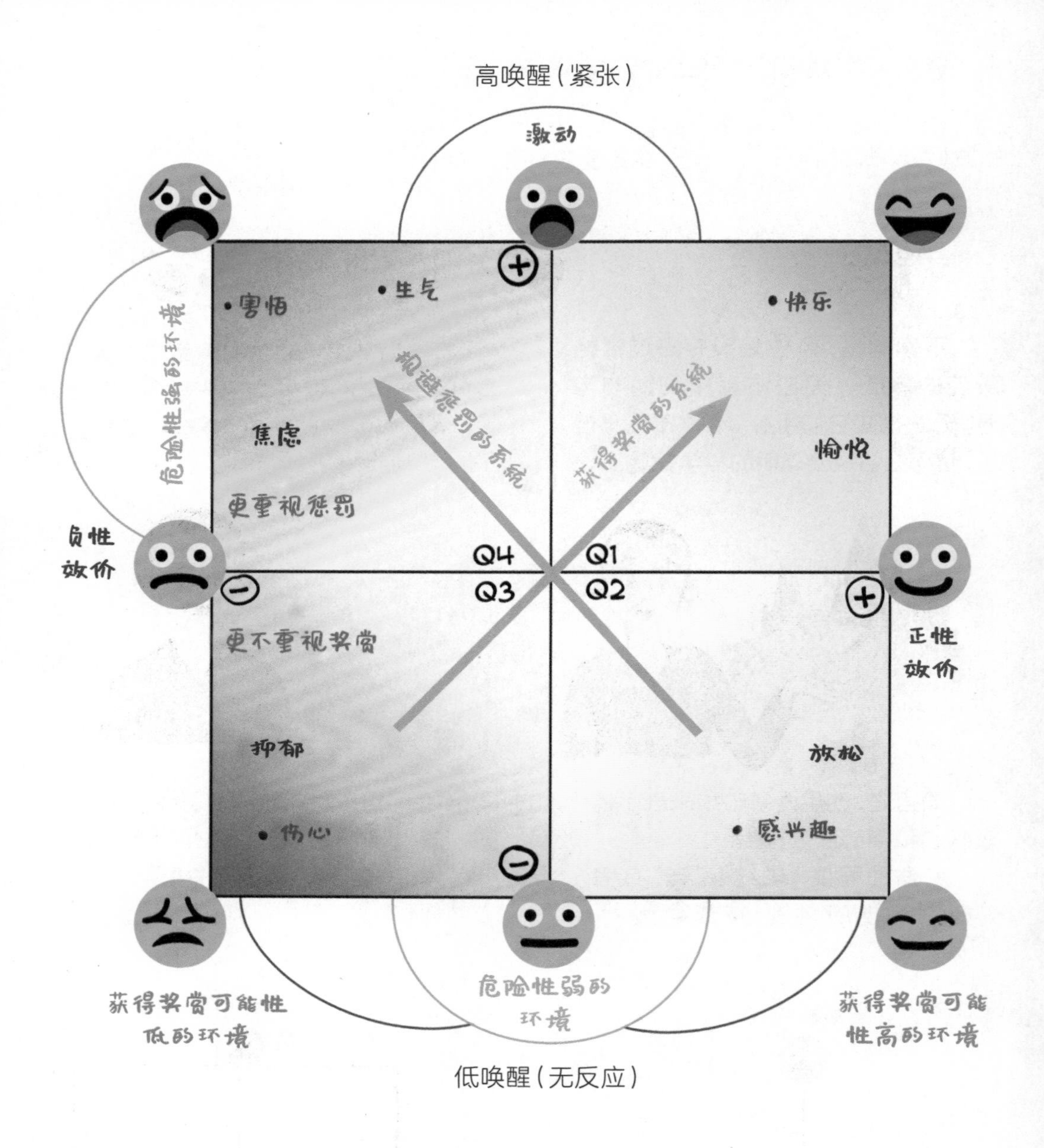

假设我常常经历令人消极和失望的事情，我的情绪很可能会经常处于“抑郁”心境的象限中。长此以往，会得抑郁症。

这时候，即使发生了一件积极的事情，和“中性”心境相比，我的情绪要费更多的工夫，才能达到“愉悦”的象限。

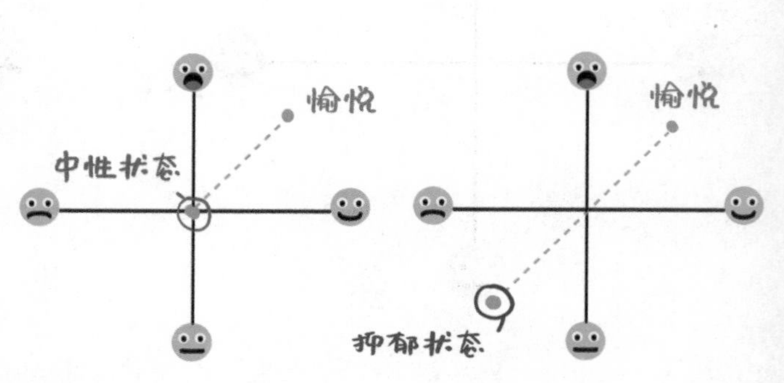

有意思的是，焦虑和抑郁的状态会产生不同的反应：

焦虑的动物更重视可能发生的惩罚，抑郁的动物对奖赏更不关心。

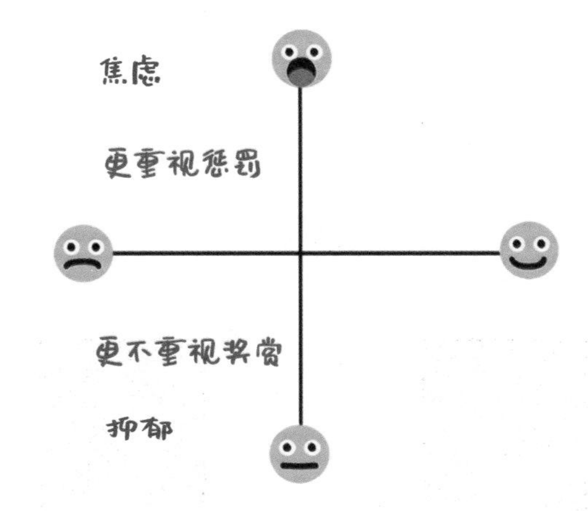

因此，特定的情绪（害怕、生气、开心等）会影响心境，反过来心境也会影响情绪。

从动物演化的过程来看，确实如此：

如果动物处在困境中（天敌的威胁、恶劣天气等），获得（繁殖、食物等）奖励的机会就很小：在这个动荡的环境中，不要铤而走险，否则将一无所有！

如果动物生活在舒服的、遍布机遇的环境中：

就算拿不准也能搏一搏，说不定单车变摩托，闯出一片天！

从以上理论出发，人们发明了“判断偏好”实验。

第一阶段：

训练一只动物，让它知道走向红牌时会获得奖励，走向绿牌会受到惩罚。

第二阶段：

我们让这只动物经历不同的场景，要么是正面的（比如抚摩或者喂小零食），要么是负面的（比如关禁闭、被粗暴对待），不同场景历时各有不同。

然后，我们把5个牌子放在动物面前，牌子的颜色从红色到绿色进行渐变。我们将会对比受过训练的动物和“中性”动物的反应有什么不同。（“中性”动物没有接受过任何训练。）

中间的渐变色代表着不确定的情况：不知道选择之后会受到奖励还是惩罚。

实验的目的是了解“中性”动物和其他动物在靠近这些颜色时，是否会有不同的举动。

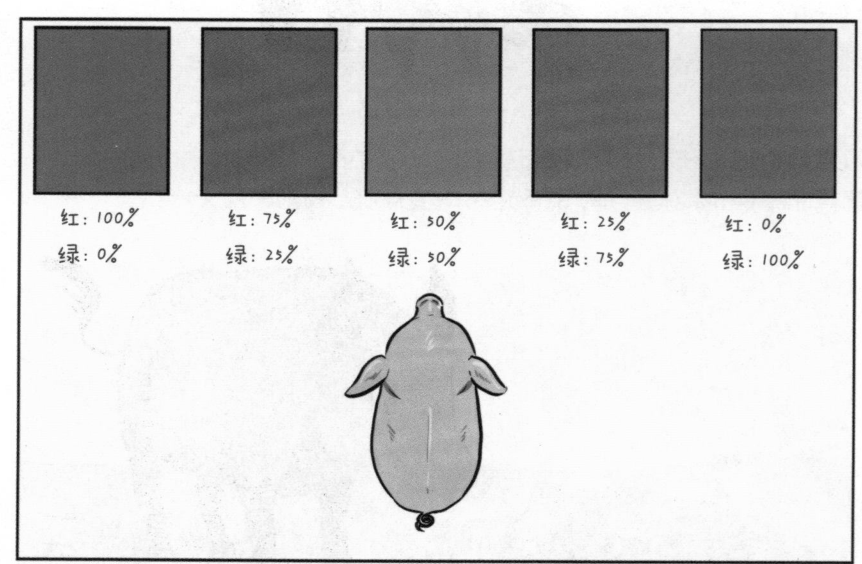

确实，拥有“正面经历”的动物通常会拥有乐观偏好，仍然尝试走向有点儿绿色的牌子赌一赌。但是，体验过“负面经历”的动物会发展出悲观偏好，只会往最红的牌子走。

有时，我们也发现了一些惊人的例外：比如绵羊在经历了绝对负面的情况后（如被强按住剃毛），会发展出乐观偏好！

经历了社会的毒打之后，绵羊似乎更加热爱生活了！

总之，除这些特殊情况外，为了确认动物认为某种经历是负面的还是正面的，这就是如今最常用的一种实验方式（或存在一定的变化调整）。

但是我们所提到的维度理论中，缺少细微的差异性，并没有解释为什么动物在相同的情况下会有不同的反应。

为了探索更多的细节，让我们走近克劳斯·莱纳·谢勒和他的团队所提出的评价理论，这一理论直接来源于人类的认知心理学，并做出了一定的调整。

也就是我们要介绍的……
矩阵*！尼奥来了！

总之，动物所感受到的情绪，将取决于它们如何判断事情的一系列特征（也取决于它们所处的背景，这里暂且不提），无论它们是否意识到自己做出了判断。比如，对人类来说，我们会考虑：

事情是突然发生的吗？

事情是否符合预期？

我是否熟悉此事？

事情是否可控？

事情是可预测的吗？

事情符合社会常理吗？

我感到愉悦吗？

比如，狂怒情绪由事件的以下特点所引起：事发突然、不熟悉、意料之外、不愉快、不符合预期，但是可控性很强（否则没有必要狂怒）。然而，让人失望的事情同样有类似的特点，区别是完全不可控。

事件 / 情绪	突然	熟悉	可预测	愉悦	符合期望	可控
狂怒	是	否	否	否	否	是
失望	是	完全不	否	否	完全不	完全不

我们如果知道动物对这些特征（或其中一部分）敏感的话，那就可能推断出它们的情绪了！

这正是路西尔·格雷菲尔丁格在其博士论文中所研究的主题，2009年伊莎贝尔·维希尔和阿兰·波瓦西也致力于将此理论用在绵羊身上。

一系列的研究表明，绵羊善于辨别事件的三个特征：熟悉或陌生、突然或渐进、可预测或不可预测。

好的，三个标准完成！

熟悉	突然	可预测
✓	✓	✓

但是，我们还有更复杂的事情要研究。比如……
绵羊会拥有期待吗？

来洛杉矶看我吧，我们一家人一起过圣诞节，玩个痛快！
——约翰·麦克莱恩，电影《虎胆龙威》男主角

为了确定绵羊是否会拥有期望，科学家们训练小绵羊，让它们将口鼻部伸入洞口中以获得食物。

一组小绵羊获得一大碗食物，另一组小绵羊获得一小碗食物。

然后，其中几只小绵羊的奖励被替换了：
用一小碗代替之前的一大碗，或者用一大碗代替一小碗！

一小碗组收到一大碗奖励时，乐不可支，高兴得开香槟庆祝啦！

相反的是，一大碗组的小绵羊收到一小碗：……
情况完全天差地别！

收到一小碗奖励时，它们心神不宁、心跳加速，疯狂地将口鼻部用力伸进洞口中，仿佛在叫嚣："这不可能，肯定搞错了！"

总之，这不是最初给它们承诺的东西，它们很失望！

实验充分证明，绵羊是拥有期待的，若结果并非它们所预想的那样，它们可是会不太高兴的！

和电影中的警探约翰·麦克莱恩一样，它们也喜欢掌控全局……

做实验：

科学家训练小绵羊习惯在碗里吃东西。

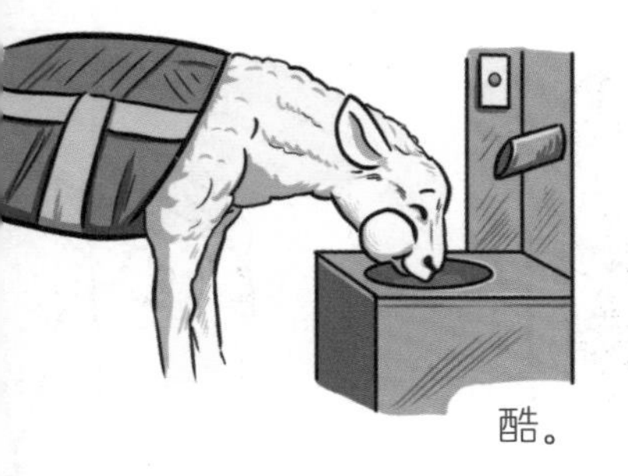

酷。

但是，有时候，碗上面会喷出一股气流，栅栏会把食物盖住！

真的很烦。

有一半的小绵羊学会用口鼻部摁住墙上的一个孔，用来停止喷气、打开栅栏。

而另外一半小绵羊，对气流和栅栏却束手无策。

这两组小绵羊的反应截然不同：

不知所措的小绵羊，生理反应和行为举止都显得压力巨大。

另一些小绵羊呢？它们吃东西时，如果遇到气流、食物被盖住，就扭头关闭装置，又开吃了。

总之，行云流水，很是淡定。

我们认为，绵羊也懂得一定程度的社会规范。

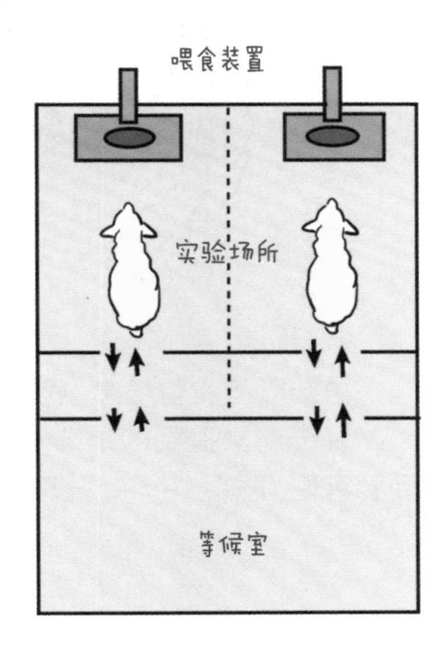

比如，此时突然出现了可怕的情况（一块板子突然落下），

如果这只绵羊站在一只地位比它低的绵羊旁边，那么它会毫不掩饰惊恐的样子。

相反，如果它旁边站着一只身居更高位的绵羊，即使它在生理上胆战心惊，它的行为仍然表现得滴水不漏、若无其事！

总结以上实验结果，我们发现，绵羊似乎确实能从主观上感受到许多情绪。

基于前文提到的矩阵（评价理论），研究团队得出的结论是，绵羊至少能够感受到害怕、恶心、生气、狂怒、烦恼、愉快和失望这7种情绪。

老天爷发明了痱子，也发明了抓痒的指甲。
——按理说，这是克里奥尔*的谚语。

如果说在以前，关于动物正面情绪的研究还很匮乏，那么今非昔比！

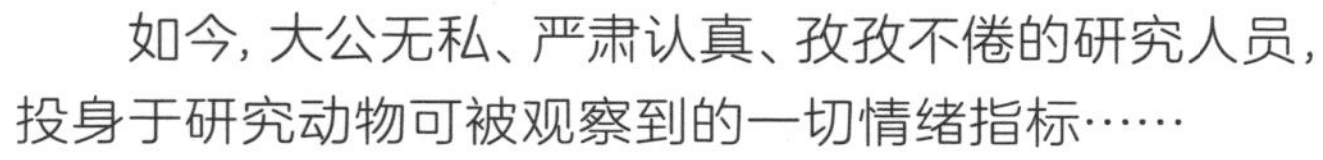

如今，大公无私、严肃认真、孜孜不倦的研究人员，投身于研究动物可被观察到的一切情绪指标……

比如研究绵羊被挠痒痒时产生的情绪。真是没有意义的任务。
谁愿意整天整夜都只靠“撸羊”赚钱啊……对吧？

这些是在研究中被频繁使用的情绪指标（所有的情绪通用，并非只是挠痒痒引起的哦）：

心率和心率的变化

体温

皮质醇值

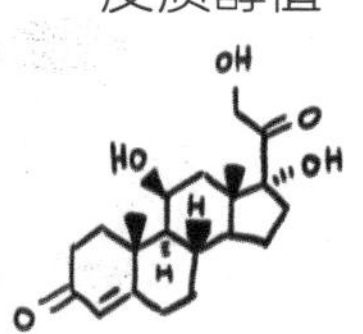

耳朵的姿势

口鼻部的松紧

尾巴的摆动

眼白的多少

研究人员甚至还进行了面部表情的建模，就像电视剧《别对我说谎》里的微表情读心术（此剧的灵感源泉是美国心理学家保罗·艾克曼的研究，此处的绵羊实验也使用了他的理论）。

比如，绵羊被挠痒痒时，耳朵不怎么动，双耳姿势通常更放松，

害怕时，耳朵会往后伸。

面对负面而可控的情况时，双耳挺直。

惊讶时，双耳位置不对称。

在所有反刍动物身上，耳朵的动作和情绪的变化息息相关。

还有更厉害的！在演化过程中，我们**人类皱眉**时用到的肌肉和**动物动耳朵**时用的肌肉是相似的。

简单来说，人们皱眉头，动物则皱耳朵！

嗯，差不多是一回事吧。

另外，只通过耳朵姿势等面部标志，绵羊就能在同伴的脸上识别它的情绪。

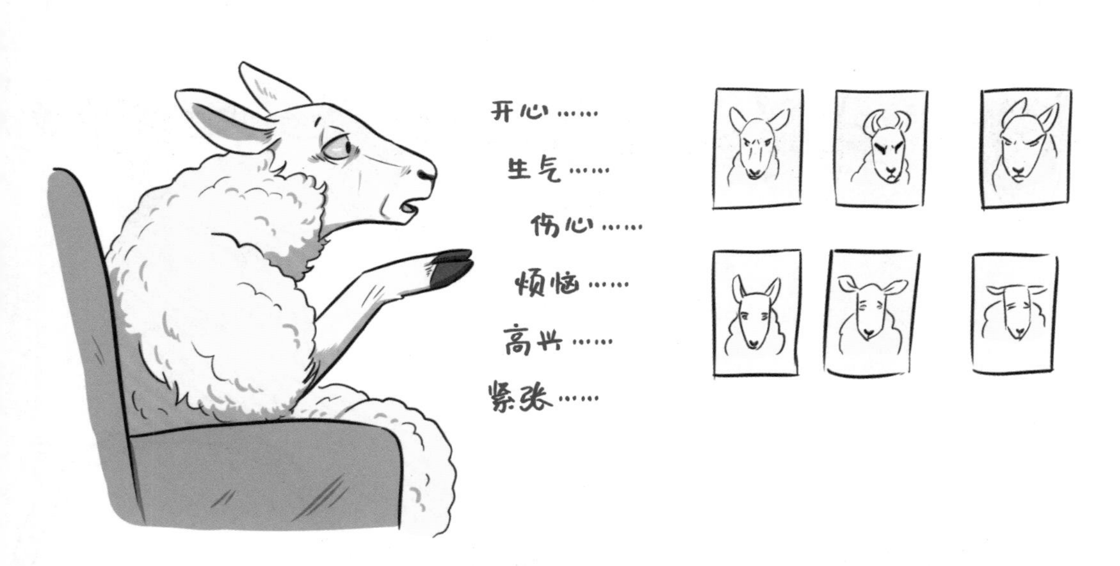

面对“平静”的脸和“紧张”的脸，绵羊更喜欢平静的脸庞。

不过，对于这个问题，让我们也来看看山羊是怎么样的吧。

我不喜欢你的……头……你整个头看起来都很滑稽。
——莱西，英国电视剧《黑镜》第三季第一集

说到面部的情绪识别，这就要请……

（关于本书的构思，我和主持本研究的路西尔女士进行了许多沟通。）

嘿！我的好朋友，你看，这下大家都看到你的照片啦。

还是回到正题吧。

路西尔心想：
嘿，让我来给山羊展示一些照片，全是它们熟悉的老面孔：

实验过程和经典的判断偏好测试一样，不过此时要把颜色换成面部表情。

然后，路西尔拿出放大镜来观察，看看山羊面对不同情绪的面孔时有什么本能反应（比如耳朵的姿势等，你懂的，还是老样子）。

结果，面对“开心”的脸或“不开心”的脸，山羊耳朵的动作和朝向都显然不同。山羊更加关注带着负面情绪的脸庞！

除此之外，照片中山羊的身份似乎同样也会影响观察者的反应。

山羊可真是不嫌麻烦啊。

更厉害的来了。

2019年，（和路西尔毫无关系的）路基·巴西亚多纳和他的团队发表过一篇论文，表示山羊还能**只靠听别的山羊咩咩叫来判断它的安危！**

真是一“山”更比一“山”高！

2018年，克里斯蒂安·纳瓦罗斯博士的研究团队也证明，山羊本能地更喜欢靠近微笑的人，而不是生气的人。

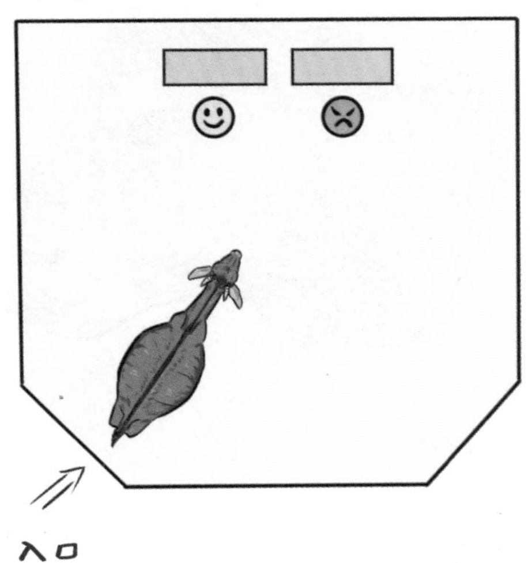

因此，山羊对人类脸上的情绪标志也非常敏锐。

太牛了！

“看着我的眼睛。”
阿蓬中士对哈德森说，电影《异形》
或独眼巨人波吕斐摩斯对奥德修斯说，荷马史诗《奥德赛》
（二者皆可，任君选择！）

面部的情绪标志，可不只有耳朵哦。

还有许多别的面部因素，对于情绪识别非常重要，比如眼白。

牛露出的眼白部分越多，它越有可能在经历着负面的事情。

如果牛心平气和，那么眼白几乎会消失不见。

除了“正面”或“负面”的处境，牛的眼白还能够充分表明它的兴奋程度。

对了，关于挠痒痒，牛特别喜欢被挠脖子。

如果挠牛的胸部嘛，它们内心毫无波澜。

对，这是研究过的哟。

判断偏好测试表明，小牛在去角时遭受的强烈痛苦和母子分离的痛楚，两者所引起的悲观偏好是相似的。

总之，虽然这是两种不同的情况，一个是**生理的**，另一个是心理的，但是都可以激起小牛强烈的**负面情绪**。

猜也猜得到，对吧。

通常，母牛和孩子之间关系很亲密，而且在小牛出生后很快就能建立起这种亲密关系。

牛的亲子相处时间越长，分离时就会越痛苦（此处讨论的时间以分钟和小时为单位哦）。

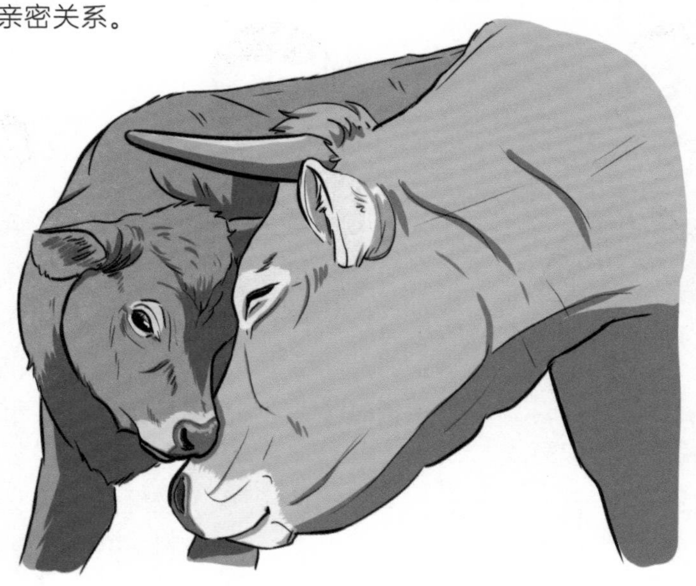

体重700公斤左右的牛妈妈嗅探到危急情况时，会立刻将牛宝宝护在身后，应对威胁。

曾经有项研究，想要测试母牛容许靠近的安全距离。

测试过程中，研究人员坐在车里。

毕竟，当这头700公斤左右的牛妈妈进入“谋杀、死亡、杀戮”*模式时，谁敢以肉身前往？

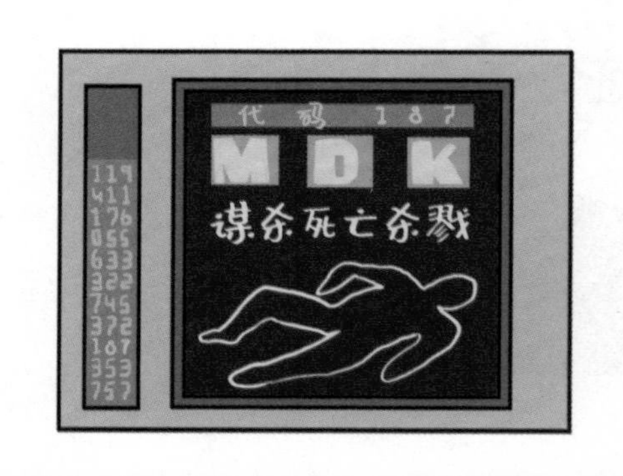

牛也很容易受到情绪的感染。

比如，如果我们把两种尿液分别淋在两个饲料箱上，

而尿液分别来自紧张的牛和不紧张的牛，

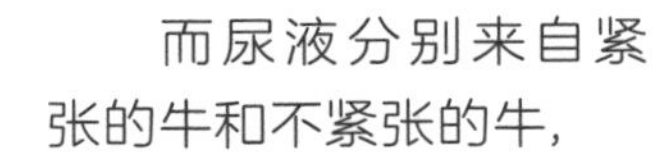

显然，牛不太愿意靠近传递出紧张气味的饲料箱。

不过，牛也受到“社会缓冲”效应的影响，这一特性在书中所有动物身上都能发现。

在焦虑不安的处境下，小伙伴的陪伴能够缓解压力，缓和情绪。

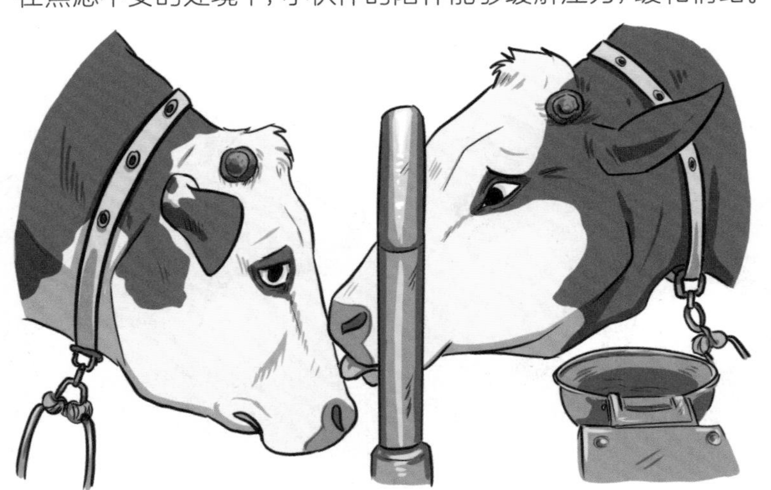

我要打电话给谁吗？
打给所有人！
——电影《传染病》

猪群中也经常会出现情绪感染……无论是正面还是负面情绪。

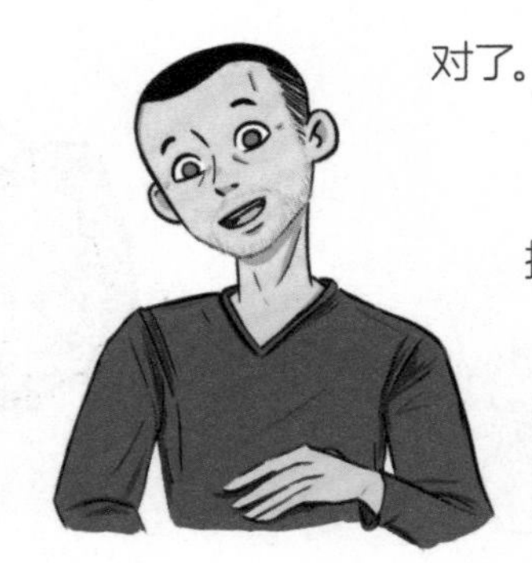

它们舒服时的迹象一目了然：

在被挠肚子时，小猪会倒向一边，把肚皮露出来，四肢伸展，发出轻轻的呼噜声，而且有85%的情况下还会闭上双眼。

而且猪和狗有点儿像，在高兴的时候也会摇尾巴。

对，继续说情绪感染。

猪同样可以感受到小伙伴身上正面和负面的情绪，而且是通过各种方式感知，比如气味、动作甚至是声音。

猪的叫声有许多细微的差别，因此它们可以听得出别的猪是即将受罚，还是正在被罚，甚至可以判断出正在受罚的猪是不是曾经有“不祥的预感”！

小猪不仅仅是简单地感受到同伴的情绪，这些情绪似乎还会在小猪中间传播。

让我们来看看2017年的这项研究。

做呀——做呀——做实验:

先把几只小猪圈养起来，此时它们对即将遭受的阴谋诡计还一无所知。

突然，一名实验员进来带走了其中两只小猪。

这两只“天选之子”将会在两种不同的情况下度过一天。

正面的:

被泥土、稻草和巧克力块包围。

负面的:

被关在一个小隔间与世隔绝4分钟加上一些糟糕的对待（被锁住不能动、突然的噪声等）。

然后，我们把这两只小猪带回猪圈，再观察一下其他留在原地的小猪有什么反应。

如果这两只小猪垂头丧气地回来了，那么即使回到了朋友身边，这两只“幸运儿”仍然会长时间深陷于焦虑中无法自拔……然后，所有的小猪都会感同身受！

那些小猪即使没有亲身经历紧张的情况，显然也被消沉的气氛感染了！

和上面的负面情况相比，如果这两只小猪蹦蹦跳跳地回来了，那么它们的小伙伴会更加兴奋，不停地摇尾巴，玩得更开心了（小猪非常乐于享受，它们还有自己喜欢的玩具呢）。不过我们也没有办法断定，是不是它们也尝到了小猪嘴巴上带回来的巧克力渣，所以也很开心呢？

我们还观察到，和经历正面的事情相比，期待正面事情的发生会更强烈地影响猪的情绪！

好啦，猪和我们提到的所有哺乳动物一样，真的有很多东西可以聊，一天都说不完……对了，别忘了还有鸡呢！

备受欢迎的恐龙后代、镇定自若的天才算术家、物理学家——我们的鸡，它们的情绪是怎么样的呢？

生命总会找到出路。
——伊恩·马尔科姆博士，电影《侏罗纪公园》

既然我们说到了情绪感染，那就要聊聊同理心了！

通常认为，同理心由两部分组成：

一个是“情绪”部分，它的分支之一就是情绪感染：我们无须得知引起他人情绪或反应的原因，也可以像海绵一样吸收这种情绪或反应；

另一个是“认知”部分：我们知道出现该反应的原因，并对我们认为的“导火线”进行回应。

关于鸡的情绪感染和它的“社会缓冲”效应，已经有许多文献研究。

因此我们认为，鸡拥有“情绪部分”的同理心。

那鸡有没有“认知部分”的同理心呢？

在哪种情况下它们最有可能吐露心声？

做呀嘛——做——实——验:

2013年,

研究人员把一处鸡圈分成三个区域。

观察区/危险区/安全区。

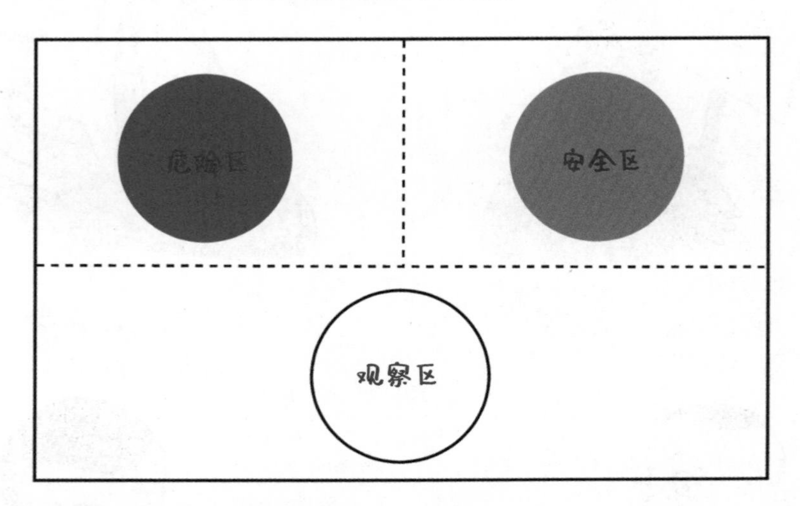

让母鸡先后进入这两个带颜色的区域,让它熟悉:

红色的危险区:

对着鸡头不停吹风,这对鸡而言是一种威胁。

绿色的安全区:

什么也没有发生,安稳得很。

然后轮到小鸡,同样的操作。

一些小鸡和母鸡经历相同的实验:红色=危险/绿色=安全。

我们把这组小鸡命名为**“相同组”**。

另一些小鸡和母鸡体验相反:红色=安全/绿色=危险!

我们把这组小鸡命名为**“不同组”**。

实验下一阶段：观察！

1. 鸡妈妈在空笼子前面的观察区。

结果：母鸡内心毫无波澜。

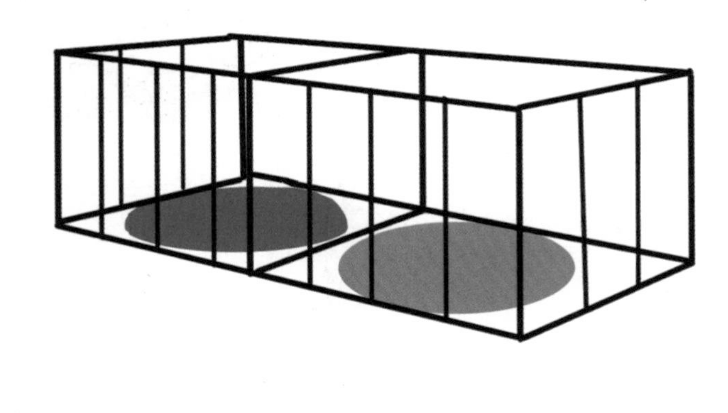

2. 母鸡在观察区，小鸡们在绿色区域。

相同组的小鸡们在这里很淡定，**不同组**的小鸡们有点儿焦虑。

母鸡很淡定。

3. 母鸡在观察区，小鸡们进入红色区域。

当母鸡看到小鸡们在它认知中的危险区域时，它立刻开启“惊险重重”模式！此时母鸡产生了各种反应，比如紧张、发热、开始歇斯底里地叫！真是戏瘾大发！

此时，不管是哪一组小鸡在红色区都不重要。即使**“不同组”**的小鸡看起来并不害怕（因为它们认为红色区是安全的），鸡妈妈的焦虑也并没有得到多少缓解。

显然，母鸡将亲身经历投射到了小鸡正在经历的状况上。因此，并非只有小鸡的反应会引起母鸡的情绪波动，母鸡对于情况的认知也会影响情绪。

母鸡焦虑的反应同样也会在某种程度上影响小鸡的情绪，反之亦然，因此这一现象同样也证实了情绪感染的存在。

因此在鸡身上，我们发现了情绪和认知两部分的同理心！

母鸡还会使用声音来呼唤小鸡，因为在动物的社会秩序中，交流至关重要。

众所周知，母鸡会用轻声的咕咕叫来安抚小鸡，而且在独处时也经常自言自语。

山羊在悲伤时也会轻轻地咩咩叫，像是为了平复心情。

除了传递情绪，动物的叫声还可以传递信息……这就是我们下一部分要介绍的：**沟通。**

动物的沟通方式

你在和我说话吗？
——特拉维斯·比克尔，电影《出租车司机》主角

哈！骗到你了吧！
我们先从哺乳动物开始聊！

我们的鸡朋友晚点儿再回来，因为关于鸡言鸡语，真的有巨多信息要和大家分享，所以在这一章节的后面专门为鸡准备了一大块地方。

这里顺便解释一下：

我们会重点关注**叫声交流**。但是所有的动物在交换信息时，气味和肢体语言有时候也是不可或缺的，甚至是最重要的沟通方式。

实际上，动物叫声交流的演化发展取决于非常多的因素。首先，要有一个嘴巴。当然，动物基本上都有。

生活在森林里或灌木丛里的动物，比如鸡，经常会离开同伴的视野。

趣味知识：家鸡的野生祖先仍然存于世，在东南亚的森林中安居乐业。甚至在新加坡的某些城市社区，都还有野鸡聚居呢！

因此，叫声是鸡与同伴沟通和保持联系的绝佳方式，特别是当它们不小心一屁股扎进灌木丛里时。

生活在平原的动物，比如牛和绵羊，就不怎么爱说话。

因为，发出声音就等于告诉你的天敌：“哟！！我在这儿呢！！！”

在我看来，引敌注目可不是什么好主意哦。

我们可以用多种方式来分析动物的叫声：

同一声音的变化：

根据不同的情况，同一种声音的要素会进行变化，比如音的长短、高低、强弱。

不同的声音，各自拥有明确的意义：

“陆地上的天敌”“面包虫”“为什么胶水不会粘住胶水瓶呢”等。

·本身没有意义的元素（音节），一旦与其他部分组合起来将会形成意义，其意义根据位置变化会有所不同。

比如，法语音节“Gre”：

“Gre”	“Gre-nouille”	“Gre-din”
(无意义)	（青蛙）	(坏蛋)

其他的东西，此处我们暂且不提，因为已经超出这本书要讨论的范围了。网上有一个网站有动物发声组合的分析。去看看吧，可有意思了。

但是我们要意识到，我们对其他动物的叫声了解不多，因为……研究起来真的超级难。

假设你在某个国家，那里的语言和文化都和你的国家非常不同。你坐在角落，尝试着去听懂人们在说什么。

观察一段时间后，你可能会发现，在某种情况下有个词的出镜率特别高，比如：“Bonjour Monsieur le Comte!”（您好，伯爵阁下！）

不过，一会儿你又会发现，这个词的意思可能会根据情况而改变，比如：“Je viens de faire les comptes de monsieur le comte et c’est tout un conte!”（我刚刚算了伯爵阁下的账，里面真是大有文章！）

你马上要晕头转向了。

况且，这还只是人类的语言。人类彼此之间大脑结构相同、对世界的感知相同，天生就会使用这种结构性语言进行交流！

但人和动物之间并非如此。

除了所处的场景，肢体语言和气味也可以传递信息。

想象一下，有人硬说自己能读懂你家猫咪的思想，对你说“你的猫咪觉得很抱歉，它刚才不小心把杯子打翻在地上了”，这话真是连猫咪听了都想笑。

不过，我们还是有一些研究成果的。

比如像我们前面所提到的，动物的情绪状态传递出的信息。

人生短暂，不过片刻欢愉，永恒痛苦。
——奥斯卡·王尔德，英国作家

家养的绵羊一般比野生的更聒噪。

这可能是因为家养绵羊在畜牧环境群居而生，这种社会结构又需要更复杂的沟通和交流。

除此之外，它们的安全意识较差，对天敌的戒备心较弱，因此更喜欢用叫唤来表达自己。

绵羊在紧张、痛苦、嘴馋等各种情况下，会发出“典型”的羊叫声。虽然听上去感觉都是一个调调，但从声谱图看来……真是千差万别！就像丹尼斯·布洛尼亚尔*那鬼畜的叫声。

每一只绵羊的声音都特色鲜明，因此它们可以“听音识羊”（起码在母子之间很管用，这方面的研究也最多）。此外，通过声谱图可以发现，同一只羊“兴奋”和“紧张”的叫声都非常不一样！

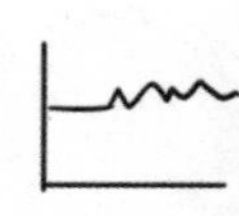

老实说，关于绵羊的口语交流，我没有太多东西可介绍，因为这一领域鲜有研究。事不宜迟，我们直接进入下一部分吧！

“俺听出来了，你是俺们老乡！”
这也是法语，不过是法国北方的皮卡第方言。

在山羊身上，我们发现了一个非常让人疯狂的现象！

一起长大的小羊羔会逐渐发展出一种“声音趋同性”，也就是说同一个社会群体的羊会有相似的叫声，不同社会群体之间叫声存在差异！

这一点在兄弟姐妹之间尤其明显！

在小山羊出生不久后，母子之间很快就能认出彼此的声音。娘俩分离后，一声叫唤，即可母子相认。

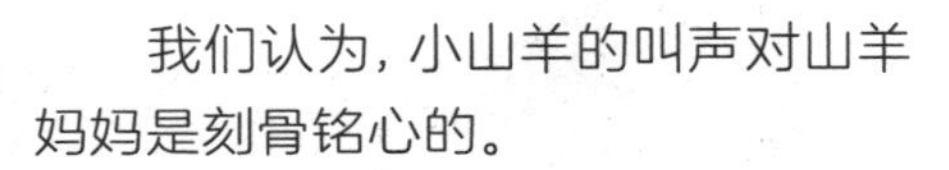
我们认为，小山羊的叫声对山羊妈妈是刻骨铭心的。

2012年有研究表明，在小山羊断奶一年长大后，羊妈妈仍然可以区分它和刚出生的弟弟妹妹的声音。母羊甚至能精准辨认出同伴的孩子的声音！

多亏它能认出来。想象一下，当你度完假回到家时：

山羊会用各种声音来和孩子沟通，叫声的特点也分场合。比如当孩子在身边时，

或者淘气包在远处干蠢事时。

这才是最常见的情况。

毕竟，这可是天生狂野的山羊呀。

把Bescherelle*课本翻到第46页。
——电影《电锯惊魂10》

牛叫声的区别非常重要，非常方便牛群中不同成员识别身份和互相辨认。

为了“解析”牛的哞哞叫，人们曾有不少的尝试：

或是分析叫声的数量，

或是分析每一次叫声的音节组成。

1972年，科研人员凯雷把牛叫声分成6种，并将其分解成以下5个音节：

“M”，嘴唇紧闭，声音低沉。

“EN”，张开嘴巴，口腔内形成强烈的共鸣。

“<u>EN</u>”，和“EN”发音相同，但是音调更尖锐，有点儿像在使劲吹乐器。

“H”，一种呼噜声。

“UH”，一种吸气的声音，类似于“EN”在发音方式相反时的声音，这是公牛特有的声音。

凯雷将这些音节组成牛叫声，描述如下：

MM，MEN，MENH，（M）ENH，MENENH。

另外，公牛还独有两种名叫“跷跷板”的组合式发音：

A类：MENENH-（M）ENENH

B类：MENENH-吸气-ENENH-吸气

大多数时候，上面这些声音都是一段连续发音中的“站点”，并非吐字清晰、字字分离的发音。

然后，根据各种情况，凯雷将所有的牛叫声进行分类：

打招呼、示威、表达恐惧……牛在各种场合都有专用的声音。

比如，“MM”是小牛用来叫妈妈的。

当牛看到朋友靠近时也会这样叫（我们很快就会聊到牛的友谊了，别着急！）。

公牛的“跷跷板”叫声非常有意思：由各种叫声组成，伴随着高低起伏、循环往复，还有特定的音阶，有点儿像鸡的打鸣声。

你知道这种叫声是什么意思吗？

这种叫声在两牛示威和对抗时最常出现。这时，围观的公牛会发出“跷跷板”叫声。

和公牛相比，母牛比较少叫，通常在失落、兴奋或者回应其他动物时会发出叫声。

意料之外的是，在面临危险或高度紧张时，母牛反而会变得非常安静。因为作为猎物，在潜在的天敌面前，它们需要隐藏焦虑和痛苦的迹象。因此，当你和一只母牛聊得正欢时，它突然闭嘴了——危险，快躲起来！

关于猪的叫声，现有的研究和前文提到的其他哺乳动物一样：
研究结果不多。

凯雷研究了猪的碎碎念，发现猪可以发出**14种不同的声音**，对应各种特定的情况。

但是此处我们就不深究了，因为在牛的部分我已经说得天花乱坠了。

来吧，我们只说一种：

理论上来说，当小猪之间重复发出“断断续续的哼哼声”，就是在打招呼。

它们像是在说：

“你好！”“你好呀！”“嘿！你好呀！”“噢！你好呀！”

或者应该说是：

实际上，要分析猪的叫声真的很复杂。近年来的最新研究，把猪叫声分成几个大类。

最常见的是以下的3个大类：

焦虑、尖锐的声音——“嚎叫”和“尖叫”。

短促、低频的叫声——“哼哼叫”。

短促、强烈的叫声——“吠声”。

尖叫声和嚎叫声通常和负面情况相关，而哼哼声往往出现在正面的场景，尤其是短的哼哼声。

猪对人类声音的韵律非常敏感。

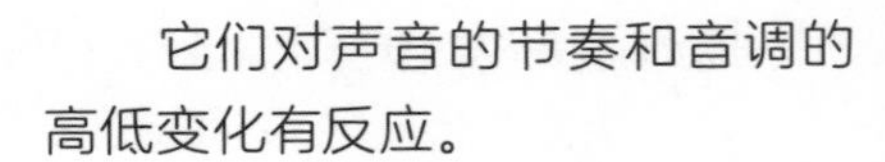

它们对声音的节奏和音调的高低变化有反应。

相关研究表明，猪更喜欢快速、尖锐的声音。

悉里尔·亚怒那*得知此事肯定会很开心，这可能是他的节目收视率这么高的原因吧。

不过，猪不能通过人类声音的音调来识别我们的情绪。

无论如何，它们确实反应不过来。

最有意思的发现，应该是猪妈妈和猪宝宝在哺乳时的沟通了。

猪妈妈的孩子特别多，因此，当准备哺乳时……

小猪们要全神贯注准备起跑，因为猪妈妈每次分泌乳汁的时间只有十几秒，眨眼间就会一滴不剩啦！

为了顺利哺乳，所有的小猪都要各就各位（是的，每只小猪都有自己的专属“喝奶位”），准时开始，一秒钟都不能耽误。

因此猪妈妈会提醒小猪，帮助它们维持秩序。

一开始，猪妈妈会发出轻轻的呼噜声，提醒小猪开始按摩乳房。

按摩的时间取决于小猪的数量。

小猪越少，按摩时间越长，可能是为了等迟到的孩子吧。

一旦关键时刻来临，猪妈妈的哼哧声就会越来越快，提醒小猪要停止按摩，在乳头位置准备就绪！

为了操持一个大家庭，猪妈妈真是操碎了心啊！

鸡妈妈也有一大窝小鸡要照顾，但是不用喂奶。

不过，鸡妈妈要应对其他难题……是什么呢？快来一探究竟！

怎么样才能找到成年的霸王龙?
你只要跟着叫声找就行了!
——电影《侏罗纪公园2:失落的世界》

母鸡和小鸡之间有特别多话讲。

是啦,但是……
就是……
嗯,其实真的没什么啦……

可能你会说,不过如此嘛……

也就是,母鸡和小鸡之间的交流,从小鸡还在蛋中就开始了。

蛋中的胚胎会说话!

由于鸡的大脑和人类大脑一样偏侧化,左右叶会各司其职,因此小鸡发育时,眼睛需要紧贴着蛋壳。

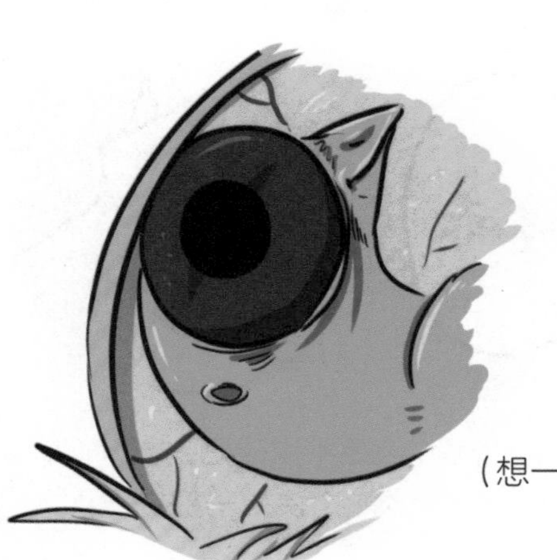

鸡的眼睛需要充分吸收阳光,以保证大脑的偏侧性正确发育,这对于鸡成年之后的能力非常重要。

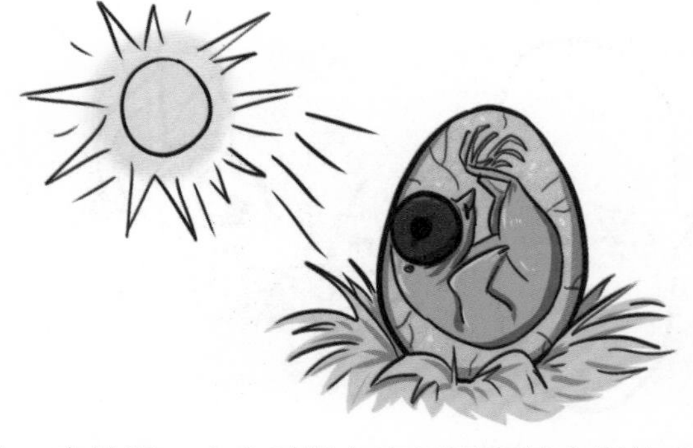

(想一想,你一定认识一个小时候在壳里没晒够太阳的人。)

当鸡蛋上下颠倒时，我们为母则刚的鸡妈妈会做什么呢？

鸡妈妈要怎么知道，此时胚胎感到头昏脑涨呢？

还没有出生的小鸡会告诉它呀！

请想象一下：现在，你是一名孕妇。

你静静地坐在电视机面前看新闻，美美地享用一杯热巧克力，突然有一个声音从你肚子里传出来：

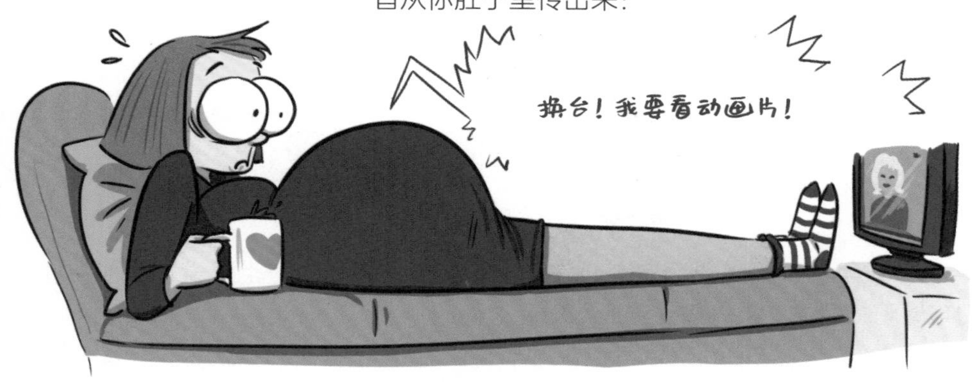

这是鬼故事吧。

虽然第一次听到还没出壳的小鸡说话时，母鸡也会摸不着头脑，渐渐地，鸡妈妈就驾轻就熟了。

小鸡在蛋中可以说话，告诉母鸡把蛋调整成舒服的位置，或者喊妈妈回来睡觉孵蛋。

有相关研究对比了胚胎发出的声音和母亲的反应，以及母鸡的反应对胚胎叫声的影响。

结果：

母子间的交流**确实**存在，尤其是在小鸡破壳前的几个小时。

当鸡妈妈按小鸡的吩咐忙前忙后时，在研究人员的录音中胚胎似乎叫得可欢了。

在1987年的一篇重要论文中，尼古拉·可里亚斯将母鸡的叫声分为24种，并且将它们与母鸡生活中的具体事件一一对应。

即使要区分一些相近的声音也真的非常困难，其他研究中对母鸡叫声的分类也有差异，但是基本上我们可以把母鸡的叫声分为20至30种。

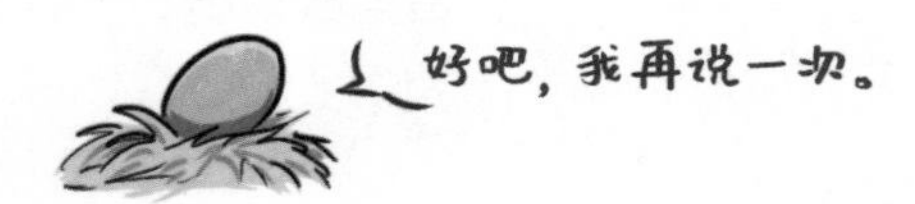

经观察发现，动物的叫声通常都有一定的规律可循，包括我们人类。比如，低沉的、短促的、轻柔的声音往往有吸引力，而尖锐的、冗长的、嘈杂的声音总是让人生厌，等等。

母鸡会发出一种表达失望、不满的声音，英文叫Gekal-call，简而言之，就是母鸡在发牢骚。

不仅如此。

2003年的研究发现，这一声音竟然还能催生出“游行示威运动”！

如果把一些心情低落的母鸡聚在一起，那么这种发牢骚的声音会蔓延开来，像点燃了导火线一样，在整个地区兴起一场示威！

现在你懂了吧，要小心行事。

不然，当母鸡对你发出“咯咯嗒”的叫声时，你还以为它看到你非常开心，在跟你打招呼呢。

其实，这是在警告其他的鸡：天敌来了！

是的，当一只母鸡对你这么叫，这可不是“你好呀，可爱的人类”，而是……

当警报声传来，附近所有的公鸡和母鸡都会迅速保持高度警惕，直起身子观察这个区域的动静，活像一台台潜望镜。

（这和母鸡刚下蛋时发出的叫声非常相似。）

鸡还会发出一种特定的叫声，用于应对空中的天敌。这种叫声极其吵闹和复杂，而且只由公鸡挑起这一大梁。

领空的安全由公鸡守护。

当这一警报响起时，所有的鸡立刻四处散开，在树丛中抱头蹲下，寻找掩护。

我们推测，这种时有变化的警报声，可以用来传递关于空中入侵者的信息。

但是，这一尖叫声不是“自动”发出的冲动反应。叫还是不叫，完全取决于当时的情况。

领头公鸡最常发出这一警报声，如果听命于它的老二在附近，那么这一叫声会拉得更长。

因为，如果既能把天敌的注意力转移到这位情敌头上，又能顺便为母鸡提供及时的警报，可谓一箭双雕，既实用又显摆。

当公鸡已经安全躲好或者靠近掩护时，这一叫声也会更长。

既然叫了，索性叫到底嘛。

好的，我们就聊到这里吧。

这一章节马上要结束了，最后，让我们来聊聊它们的食物、阴谋诡计和猫途鹰*攻略吧！

我要向您承认，这个主意我真的想都没想过，阁下。
真的吗？如果我是你，我就会告我自己的脸在诽谤说鬼话哦。
——维帝纳尼勋爵与灵思风的对话，《魔法的色彩》，特里·普拉切特著

母鸡会挑选自己的如意郎君，为孩子慎重地选择一个父亲。

首先，孩子它爹肯定得身居高位；其次，它得提供适当的保护和食物。

因此，为了释放出雄性“魅力”，为自己塑造值得信赖的形象，公鸡要向母鸡展现出充满磁性的动听声音。

那些不带食物的公鸡，注定孤独一生了。

当公鸡找到食物想吸引母鸡的时候，它会发出**两种信号**。

视觉信号：假装啄食

公鸡看起来在啄食，但又没有完全啄食。

它不停地上下摇晃脑袋，有时装模作样地叼起谷子，又让谷子掉回地上。

“假装啄食”的目的，应该是通过不停摆动鸡冠和肉垂（识别身份的重要特征）来吸引母鸡的注意，让母鸡记住自己英俊潇洒的脸庞，魂牵梦萦。

然后，公鸡疯狂上分，母鸡打出心动10分。累计10分可换一张照片，累计10张照片可以……你知道的，一切就水到渠成了。

声音信号：食物鸣叫

这一声音低沉、重复，而且不停变化，向母鸡传递关于食物品质的信息。

为了猎艳，公鸡向远方发出这一用于定位的信号，尽可能多地吸引附近的母鸡闻讯赶来。

前面不是已经有视觉信号了吗？公鸡为什么还要发出这个多余的叫声呢？

我亲爱的读者，这根本就没用呀，对吧！

并非如此。正如前文所述，即使这两个信号都明确提到了食物，但它们的用途是不一样的：

要么是诱惑方圆千里的母鸡，

要么是展现自己的身份和独特魅力。

可能还有一些我们不知道的用途吧。

更厉害的是，为了迷惑对手，公鸡还可以灵活调整和运用这些信号哦！

2011年，卡洛琳·史密斯和她的团队有惊人的发现。

他们建了一个很大的鸡笼，四处布满摄像机，用回收改造过的内衣把记录仪绑在鸡身上。

此实验装置堪称**《老大哥》**[*]2.0。

然后，研究人员把所有录音文件和摄像机画面进行对比，还原了现场的完整状况，尤其是下面这群鸡的情况：

实验中有1只领头公鸡（老大），1只从属公鸡（老二）和4只母鸡。

一开始，我们观察到，老大发现了食物后，立刻召唤母鸡，3只母鸡纷纷闻讯赶来，除了那只地位最低的母鸡。

这只母鸡站在老二的旁边，远远躲在后面。老二不能碰母鸡的一根汗毛。

几分钟后，老大和两只眼冒红心的母鸡闲庭信步，难舍难分。

突然，老二发现地上还残留着食物。如果此时它发出“食物鸣叫”，老大就会立刻将它捉拿在地，把它打得粉身碎骨……但是，老二心爱的母鸡就在身侧。此时，该怎么办呢？

老二先是鬼鬼祟祟地四处张望，然后悄悄发出“假装啄食”信号，省去“食物鸣叫”！仔细观察会发现，此时它的心思并不在母鸡身上，而是窥伺着老大的反应！

那只地位较低的母鸡看到食物后，急不可耐地过来享用，然后蹲下默许老二与它进行交配。整个过程也就区区15秒工夫。老大发现它们在偷情时，会气急败坏地冲向老二。不过，一切都太迟了，生米已经煮成熟饭了！

公鸡的社会阶层与它的姿态息息相关，因此公鸡需要时刻注意昂首挺胸。如果着陆时没有站稳，踉跄着保持重心，公鸡会立刻强装镇定，装作若无其事，否则其他公鸡会趁火打劫。

对禽类而言，尾巴的姿态是一个非常重要的迹象。

比如，当母鸡正享用美食而愿意交配时，或者当母鸡毫无交配的兴致时，两种情况下尾巴的姿态是不一样的：

当母鸡表示我可以交配时，尾巴会高高翘起；当母鸡拒绝时，尾巴则往下垂。

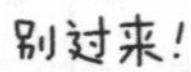

得益于视觉、听觉、嗅觉等各种沟通方式，动物才能了解彼此的心声，进行畅通无阻的沟通……甚至实现跨越物种的交流哦！

动物了解彼此的方式

我们可以骗1000个人1000次，不对，应该是我们可以一次骗过1000个人，但是我们不能骗1000个人1000次……不对，我们可以一次骗过1000个人，但是不能把一个人骗1000次，哦不对……

——艾米丽，电影《恐惧之城》

要说谁最会耍花招，那就不得不提到我们的猪朋友了。

动物学家苏珊·赫尔德的团队曾做过研究，向我们揭开了猪的真实面貌——看起来人畜无害，实际上为达目的不择手段！

猪以小团体的方式生存，主要以家庭为单位聚集。它们一般分头找食物，有点儿像我们一去到超市就分头行动——不过，猪可不像我们一样找不回同伴！

当一个物种没有天敌，食物的分享也缺乏规范时，那么地位最高的动物就不会再亲自觅食，而是靠强取豪夺、敲诈勒索，不费吹灰之力，轻松躺赢。

本文中的人物纯属虚构，如有雷同……嗒嗒。

赫尔德团队想知道，母猪群体中是否存在这种现象。

为此，他们建立了一个实验装置，其中包括：

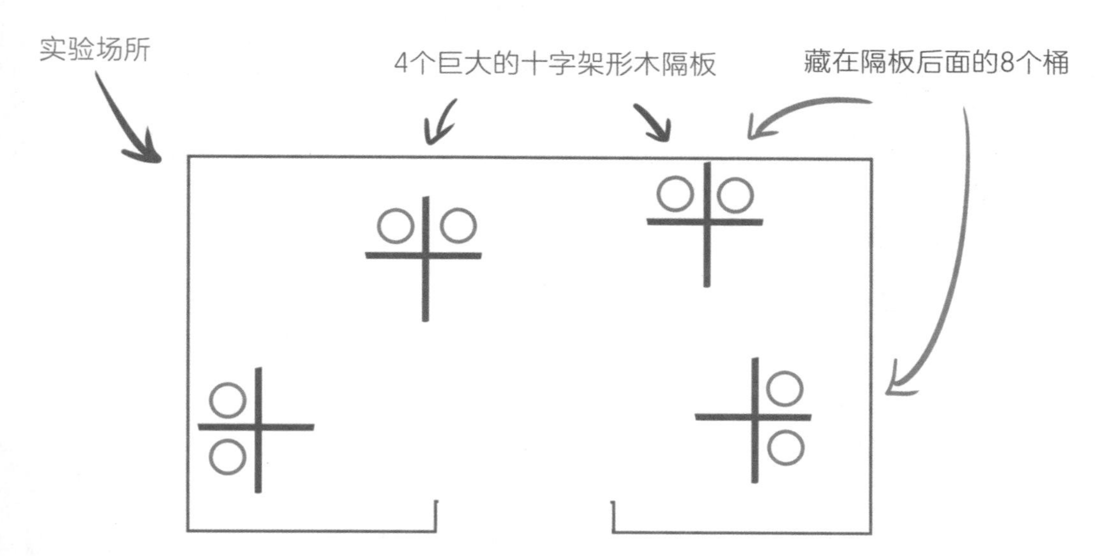

其中，只有1个桶的食物是对母猪开放的。为了避免母猪直接循着气味找到正确的桶，从而影响实验结果，所有的桶内都装有食物，但是其余的7个桶都被栅栏网盖住了。

然后我们把母猪分成两组：小灵通组和小傻瓜组。

小傻瓜组的猪，全都挑选自小灵通组的领导层，地位较高。

起初，小灵通可以先探访实验区域，了解并记住在哪个隔板后面藏着奖励。这一过程极其迅速，别忘了猪拥有惊人的空间记忆力。

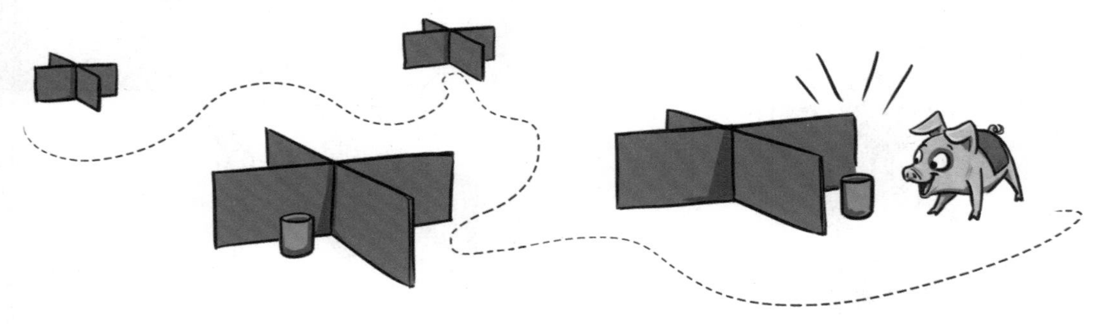

在此期间，我们的小傻瓜还在猪圈里，开心地玩着马利奥赛车游戏。

然后，我们让小傻瓜和小灵通一起进入实验区。

起初，小傻瓜四处闲逛，随心所欲地抓瞎式觅食。

但是很快，小傻瓜就发现，它的同伴已经在大快朵颐了……比小傻瓜动作快多了！这速度也太快了吧，感觉有些不对劲……

此时，小傻瓜飞身跃进电话亭中，变装完成*！小傻瓜迅速变身为超级大坏蛋！

它再也不会被骗到了：接下来的每一次实验，小傻瓜领导开始悄悄尾随小灵通下属，直到找到食物！

寻宝成功时，小傻瓜立刻一脚踢开可怜的小灵通，夺走奖励！

此时，强盗模式开启。

生活是残酷的。
但是母猪是聪明的。
生活的残酷程度，还远不及母猪的智力水平。

我不知道是不是真的可以这样作比较啦。

在后面的研究中，赫尔德团队再次做了这个实验，不过更加关注小灵通的行为。

问题：
此地区犯罪频发，治安堪忧，小灵通要如何应对？

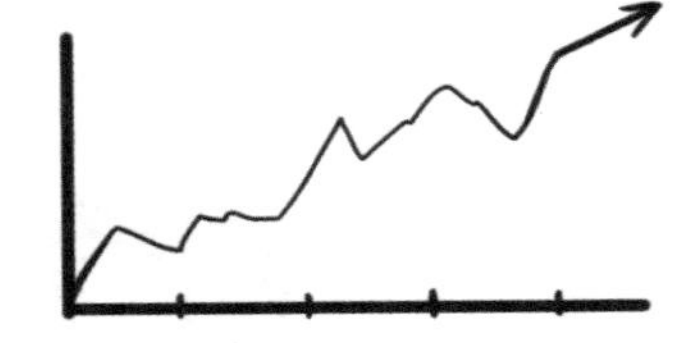

答案：玩点儿厉害的。

很快，面对来自领导的压迫，小灵通走进实验场所后，开始……散步。它四处闲逛，在正确的桶面前也不停下脚步，漫无目的地游走，一会儿向左，一会儿向右……

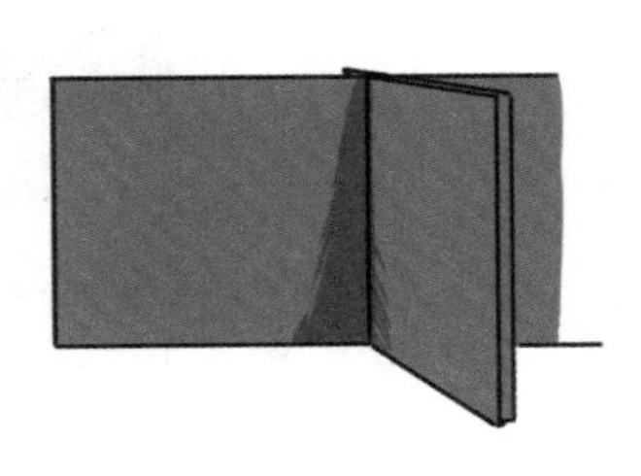

说时迟那时快，当小灵通比小傻瓜领导更接近那桶食物，而小傻瓜正好看向别处，或者是刚好被隔板挡住了视线，小灵通则出其不意，扑向食物桶狂飙，狼吞虎咽起来。速度之快，小傻瓜领导都还没反应过来，甚至来不及发出一声愤怒的“哼哧”！

此处仍要强调，我们要具体情况具体分析！

只有在遇到贪婪而喜欢剥削的母猪领导时，下属母猪才会如此走极端。

有一些母猪领导生性洒脱，自力更生，从不纠缠和侵扰别的猪。

在这种情况下，小灵通也会直奔目标，快乐觅食。

不存在什么“通灵者”。
——帕特里克·简，《超感警探》

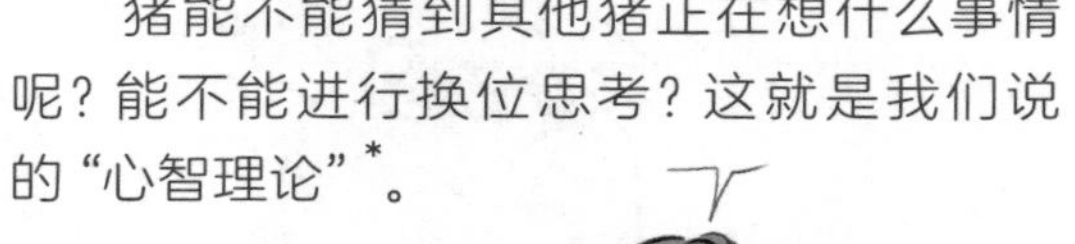

猪能不能猜到其他猪正在想什么事情呢？能不能进行换位思考？这就是我们说的“心智理论”*。

这里我们讨论的是一种非常高级的认知能力，和自我意识紧密相连。

据我所知，针对本书提到的动物，目前大都还没有关于“心智理论”的研究。不过，猪是唯一的例外，而且研究结果还挺令人迷惑的。

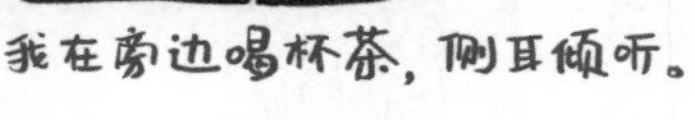

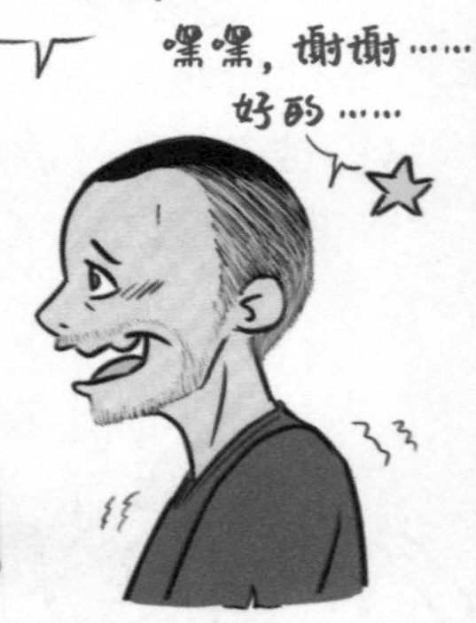

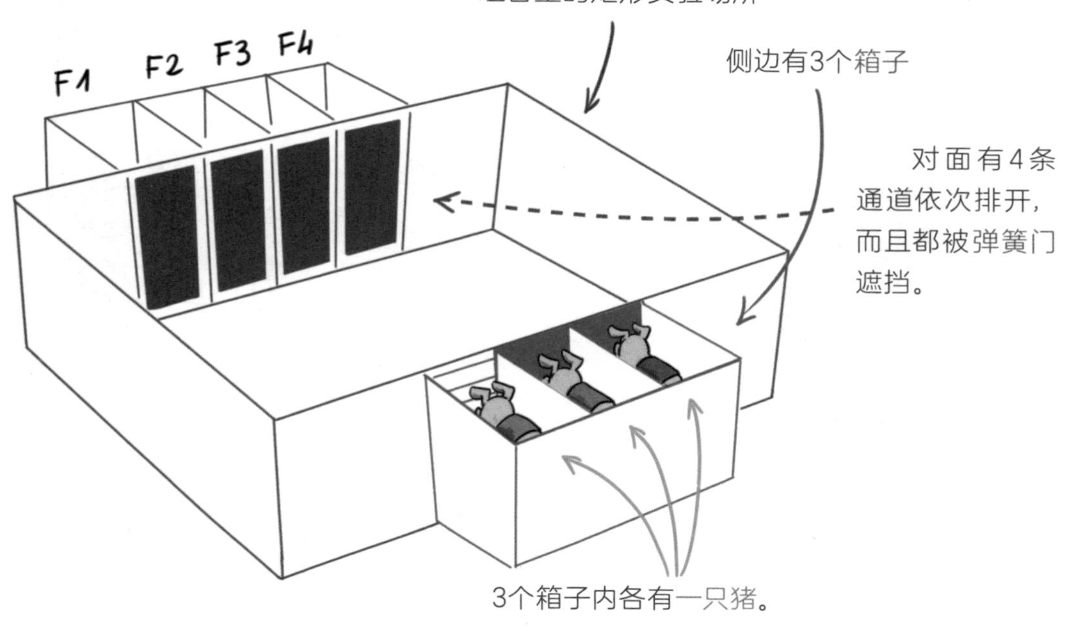

为了便于理解，此处我们只讨论一种实验情况。

右边箱子里的猪在经过训练后，无论如何只会走向一个固定的通道。

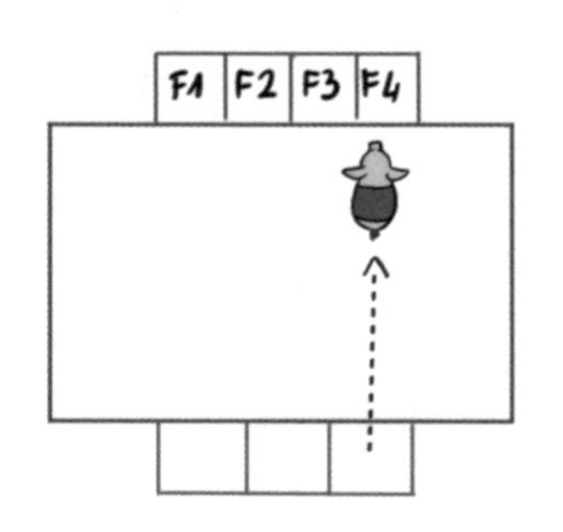

当它的箱子关上时，它看不到实验场所里的场景。

左边箱子里的猪视线没有被挡住，它可以看到研究人员把食物藏在哪一条通道内。中间箱子里的是实验猪，它看不到实验场所内部，但是可以看到其他两只猪，因此它可以观察到，左边的猪能看到实验场所，右边的看不到。

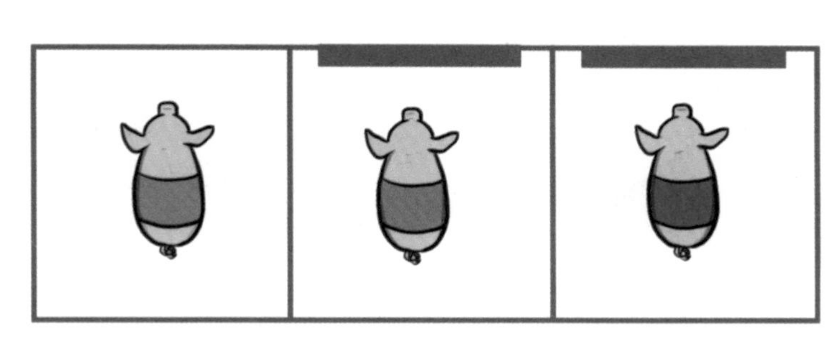

问题非常简单：
栅栏打开后，实验猪会跟随哪只猪的脚步呢？
是洞悉一切的猪，还是一无所知的猪，
或者我行我素的猪？

在10只实验猪里，只有2只优先跟随看得到实验场所的猪。

其中，3号小猪脱颖而出。

经过多次控制实验后，研究人员确定，3号小猪在决定是否跟随其他猪之前，会重点考虑它们的视线范围！

其他小猪的失败可能有许多原因，比如：

猪的视力不好，因此优先考虑更显眼的、更容易分辨的靠边通道；不想跟其他猪竞争；等等。

所以，心智理论是否能用在小猪身上呢？这一问题目前还没有足够多的研究。不过，上面的研究为了解动物的内心世界打开了一扇全新的大门！

我不会责怪那些犯错的人，但是他们要承担后果。
——约翰·哈蒙德博士，电影《侏罗纪公园》

动物可以将自己的认知投射到其他动物的身上，预估他人的成功概率，帮助别人改正错误？

这可能吗？

如果可以，这在互相教导时将会非常实用！

如果你没有按顺序读这本书，你可能早就知道《北京秘事》*里小铃是凶手了吧，刚好把买这套游戏的钱省咯。

不过，如果你是从头读到这里的，那么你应该还记得前面提过一件类似的事情，也就是母鸡的同理心：母鸡可以把自己对危险情况的认知投射到小鸡的处境中。

那么，母鸡能不能用这种能力来“鸡娃”，把它们培育成优秀的鸡呢？

我们认为，真正的教育通常需要满足4个条件：

1. 教育者只是为了教会无知的学习者，才改变自己的行为。

2. 教育者要付出一定的代价，或者起码没有从中获得任何的个人收益。

3. 鼓励或惩罚学习者，并且向他传授经验。

4. 相比于自学，在教育者的指导下，学习者更早或者更快地掌握了一种知识和技能。（或者，如果没人教的话，他甚至根本不会去学这个知识。）

要做实验啦——做实验:

(好久没做实验了呢!)

研究人员让一只母鸡独自学会分辨:绿色的谷子是可以吃的,红色的谷子不可以吃(曾浸泡于苦味的液体中)。

然后,小鸡在另一头被分成两组喂食。

一组和妈妈吃一样的东西……

另一组的饲料情况和妈妈的相反!

红色:美味。绿色:恶心。

然后我们把母鸡和小鸡放回一起,但是中间隔着一层栅栏。

在妈妈的注视下,小鸡开始吃饲料。

此时小鸡的认知和母鸡一样,只吃绿色的谷子。

母鸡心满意足,毫无意见。

现在,和母鸡认知相反的小鸡登场了。

当小鸡尽情地享用红色谷子时，母鸡大惊失色！

此时，母鸡完全陷入了癫狂状态，开始用各种方式发出“食物鸣叫”，不停抓地，极力闹出各种动静来吸引小鸡的注意力，竭尽所能让孩子们远离它认为难吃的谷子。

如果我们把小鸡的食物拿走，换成母鸡的饲料，那么母鸡会叫唤孩子来吃它觉得可靠的绿色谷子。

很明显，母鸡会观察小鸡，将自己的经验与小鸡的行为作比较，发现小鸡犯错后会试图纠错。

这就是一种教育！

小鸡之间也会互相学习。

如果有一只小鸡吃了某种颜色的苦谷子后，它就会一脸嫌弃，再也不吃这个颜色的谷子，我们会发现，在一旁观察的小伙伴们会模仿和学习，连尝都不尝一口，也开始抗拒这种谷子。一天之后，旁观的小鸡们还是不会去碰这个颜色的谷子！

我会看着你的。

——警察乐队，歌曲*Every Breath You Take*（你的每一次呼吸）

山羊可以从各类物种、所有个体身上学到东西，从容自如，格调十足，有时还非常高贵优雅。

不过山羊总是对自身经验过于自信，固执己见，不听他人言，也不向群体内的其他成员学习，因为别人的意见……它们才不在乎。

研究发现，山羊还会顺着其他山羊的目光去寻找食物（此研究证明，山羊的这一能力和灵长类动物不相上下）。

不过他们并不会把这一招用在人类身上。人类的视线，山羊毫不关心。

而且，和山羊相比，人类的眼睛会莫名其妙出现在脸上各种地方（尤其是在立体主义画作中），山羊觉得很诡异。

克里斯蒂安·纳瓦罗斯研究团队在英格兰肯特郡的毛茛山羊庇护所进行了一系列的实验，又名**“盯着男人的山羊”**行动。这一研究试图了解山羊可以从人类身上学到多少东西，以及它们是否会考虑人类的注意力的集中程度。

在其中一项实验中，一道栅栏将研究人员和山羊分离开来。

山羊面前有一块可滑动托盘，上面放着一个杯子。

山羊看着研究人员将一块可食用的生面团藏在杯子下面。

半分钟后，研究人员把托盘推到山羊面前，让山羊可以拿到这个奖励。在这半分钟内，研究人员用各种坐姿来表现注意力的不同状态。

背对山羊：

脸朝山羊，侧坐：

身体和脸都正对着山羊，双眼睁开：

身体和脸都正对着山羊，双目紧闭：

我们发现，和背对着山羊相比，当研究人员的姿态更“专注”、正对着山羊时，山羊有更多期待的行为。

而当研究人员背对山羊时，山羊会紧紧盯着他，处在“警告”状态，像是在说：“喂，我在这儿呢！”

当生面团被固定在地面的容器中无法取出时，面对这个不可能完成的任务，山羊会根据研究人员的专心程度来调整求助的方式。

和侧对山羊相比，当人正对着山羊时，山羊会更经常看着人，目光在人和容器之间不停转换，与人的肢体互动也变多了！

如果这些方法都行不通，山羊就会自力更生。实话说，最好还是帮它一把吧，不然山羊极具创造性的解决方法肯定会把你吓呆。

根据中国的十二生肖，出生于1979年或1991年的人都属“羊”。

而山羊们，全都是功夫过人的“查克·诺里斯”*，心狠手辣。

和猪一样，山羊可以理解人类的动作，当人指向杯子时，它就知道这里面藏着食物。

当然，观察他人、发现错误、取长补短、坑蒙拐骗，这些能力都很了不起……

但是，要做到这一切，在群体之中精准地辨别其他成员也很重要，甚至要学会将同伴分门别类。这就有点儿像母猪，它们可以清晰地分辨“剥削者”和“自立者”。

如果你是尚·亚瑟，那我肯定是凯斯·特洛伊。
——尚·亚瑟，电影《变脸》

除了辨别声音和气味的能力，面部识别能力也是动物研究的一大热点，所有本书中提到的动物在这方面都是佼佼者。

可能猪除外，因为猪的视力不是很好。不过请放心，它们敏锐的嗅觉完全可以弥补视觉的缺陷！

脸这个东西，山羊，毫不在乎。

山羊甚至不用看到脸，只通过身体和气味，就能分辨出熟悉或陌生的山羊。

在一些实验中，即使面前站着一只用布盖住头的山羊，大部分山羊总是能一眼认出何许羊也。

有一些山羊还会把头钻进布里一探究竟，根本不在乎什么实验规则。

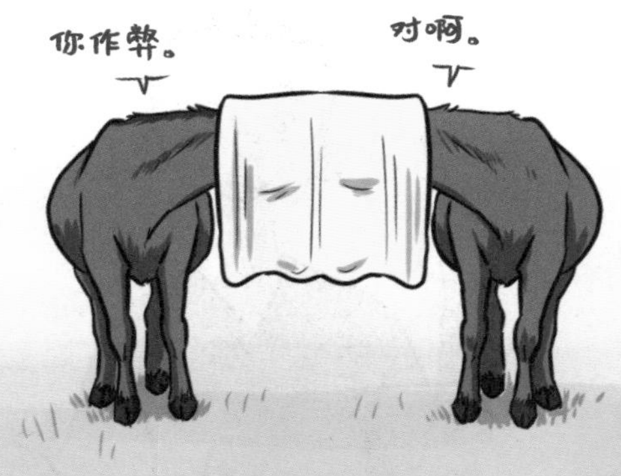

我们曾提到过，绵羊可以通过其他绵羊的面部表情来识别情绪，而且这一能力似乎对人类也适用。

问题来了，绵羊能不能只用一张照片就认出这是谁呢？

答案清晰明了：
可以！

绵羊可以只靠看脸就轻松认出其他绵羊，就算照片被电脑P过，和原图有将近10%的区别，绵羊还是能成功辨认！

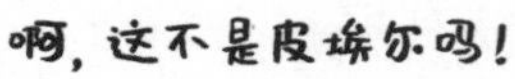

另外，我们在绵羊身上发现了和人类相似的东西：绵羊的大脑中存在一部分神经元，专门负责编码记录不同个体的信息，以便识别他人。

所以，你的脑袋里面有些神经元专门负责记录你反感的人的信息哦。

挺难受的吧？

这些神经元可以汇聚许多信息，从而全方位地识别个体（不同的视角、气味、声音等）。

更厉害的是，当绵羊面对一张同伴的照片时，即使已经与它阔别两年，对面部非常敏感的神经元仍然会被激活，瞬间认出自己的小伙伴！

我们还发现，当绵羊以为会在羊圈里看到某个小伙伴，但是却发现它不在时，也会刺激到这些神经元！

因此，种种迹象表明，绵羊或许可以在大脑中塑造出其他绵羊的形象！

说到这儿，就不得不提绵羊的另一创举。绵羊能记住50副绵羊的面孔，并且在将近800天之后仍记忆犹新。

就像这样。

如果只是识别一个小伙伴，或者是同一品种的绵羊，对绵羊来说就更加轻而易举了。

绵羊这记忆力，天啊！

研究人员还曾经训练绵羊对人类明星进行人脸识别。显然，绵羊也闯关成功。

艾玛·沃特森得知此事应该很高兴：绵羊每次都能精准识别出艾玛，即使改变脸的角度，一样能认出来。

绵羊看过一个人的正脸照后，还可以通过侧脸照辨认出这个人。

当它们看到一只年轻绵羊的童年照时，也可以认出照片中的绵羊。

总之，怎样都行。

不过，提到面部识别的能力，那必须请我们牛哥出场了。

如果说大自然是所热闹的学校，那么牛就是洞悉全场、过目不忘的门卫。

在另一个实验中，研究人员想确定牛是否能在各种动物中辨认出自己的同类。

Y形迷宫：

我们在一边放一张牛的照片（品种随机），另一边放马、绵羊或其他动物的一张照片。

不管照片上是哪一品种的牛，它都能够轻易地认出同类。此时，牛会优先走向它唯一感兴趣的动物——另一只牛。

马不是它的菜。

大部分的牛根本不会靠近马的照片。可怜的小宝贝。

总之，牛可以根据“你是牛”“你不是牛”进行分类。

实验发现，在面对各种牛的照片时，**荷斯坦牛**会非常关注与自己同种类的牛。

它们极有可能也会根据品种进行分类。

面对两张牛的照片，牛还能够轻松地分辨出哪只牛和自己来自同一个群体；反之，如果你要牛选出陌生的牛，而非自己的同伴，对于牛也是易如反掌。

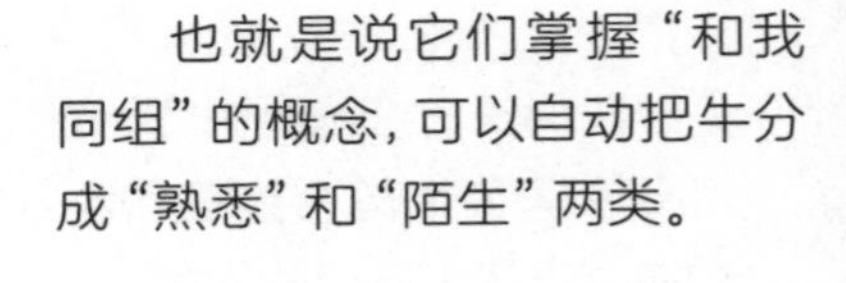
也就是说它们掌握“和我同组”的概念，可以自动把牛分成“熟悉”和“陌生”两类。

而且，显然，它们还可以进行一对一的牛脸识别！

如果我们给牛展示两张照片，分别是它的好朋友和另一只牛，那么它会不由自主地走向朋友。

它的肢体语言（尤其是耳朵的位置）似乎在说明，它已经认出了照片中的牛是谁了！

它在这张照片上花的时间明显比另一张要多，对自己的小伙伴更加专注。

有趣的地方是，牛的种类差异越大，牛脸识别就会变得越困难。

这时，牛不得不放弃惯用的方式，而要寻找其他的判断标志，看起来它已茫然失措。

比如，如果牛有斑点，那么它或许能快速辨别出来。但是面对一只毛色单一的夏洛来牛时，完全就是另一回事了。它需要改变辨认的标志，比如眼睛的形状、头的形状、口鼻部的形状等。

我们人类身上也有相似的效应，当我们面对不同种族的人时，他们的面部特征与我们的种族有明显的差异，此时辨认人脸也变得更加困难。

总之，牛可以把其他动物分成至少以下四类：
是牛/不是牛，同一品种/不同品种，熟悉/陌生，珍妮/不是珍妮。

不过，我们观察到，得益于群体内一些老练成熟的牛，家牛可以进行社会学习。绵羊也是。山羊也是（不过山羊的情况更少，至于原因嘛，你懂的）。猪也是。鸡也是。而且，鸡的领导者拥有所向披靡的影响力。

总之，这些动物都在互相学习，终生学习！

牛还可以进行人脸识别，不过和牛的照片相比，效果没这么好。

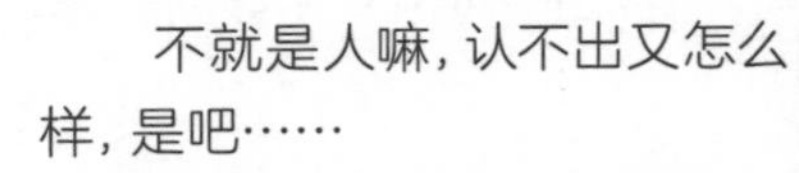

不就是人嘛，认不出又怎么样，是吧……

老实说，牛可能觉得人类没太大意思。

牛在它们自己的社会中，一定过着精彩的生活吧！

是的，
牛的社会丰富多彩，
有滋有味！

这就是我们马上要介绍的内容啦！

动物的社会

那些拒不接受社会群体观念的社会群体，往往最容易被牵着鼻子走。
——《黑暗之塔》，斯蒂芬·金著

我们要提醒自己一个事实：社会是由不同个体组成的，而不同个体的性格特点也有很大的差异。

正因为群体中拥有形形色色的人，社会才能永葆活力！

每个人都在社会中各司其职，用自己的方式作出一份贡献！

例如：

有些人**非常重视眼前利益**，大胆探索，生性冲动，善于冒险，但不太擅长灵活学习新事物。

这一类性格的极端表现，就是**“征服者”**的形象。

有些人则**更加注重长远回报**，不喜冒险，小心谨慎，善于学习新事物以提升自己的能力。

这一类性格的极端表现，就是**“创造者”**的形象！

想象一下，各种性格的动物交织混杂聚居，它们的性格受各种因素的影响，如环境中面临的挑战、群体的组成方式等。

而这只是万千性格中的一些模板，性格有非常多的细微差别！

所有这些因素和社会发展动力之间以非常复杂的方式相互影响，甚至在同一个物种中催生出各种组织群体！

所以，我们要讨论的是一些“普遍”情况。实际上，所有社会群体的运作方式或多或少都有不同，即使在同一物种或同一品种的动物内部都有差异。

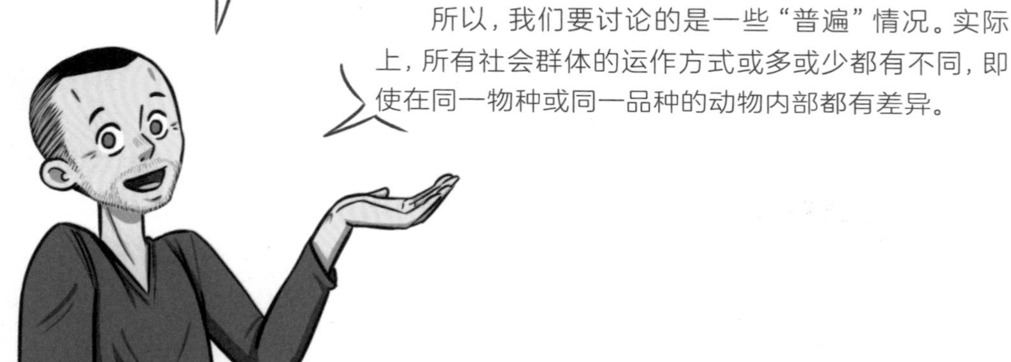

比如，在山羊、猪、野生绵羊或家养回归野生的绵羊中，我们通常认为它们的社会结构是：

雌性群体与幼崽们聚居，成年雄性各据一方。

关键是，我们在对比了不同的群体后发现，其内部结构存在很大的差异：雄性聚居、雄雌聚居，或比预想中规模更大或更小的群体，等等。

有时，这些群体本身是各个分支，共同属于一个更大型的社会结构，在睡觉或者领土保卫战等重要时刻，这一大组织的所有成员都会齐聚一堂。这就是我们说的**“分裂—融合型社会”**，在山羊中十分常见。

牛群中也有下属的分支群体，不过总体而言牛群是一个大家族!

本书提到的所有的哺乳动物都不是“本土保卫军”，虽然它们有自己的栖息地，但是不会与其他动物划清界限、争夺地盘。

然而，鸡就完全不是这回事了。

公鸡伴侣成群，并且领土意识极强。

为了保卫领土，甘愿冲锋陷阵。

不过，公鸡并非一直如此。
情况有点儿复杂。
我们晚点儿再聊。
别害怕。

不过，你最好还是害怕吧。

即使动物们在特定的环境下生长和演化：

鸡在丛林里，

猪在森林里，

牛在平原上，

绵羊在小山丘上，

山羊在高山上。

这些动物仍然非常善于在各种环境中随机应变，随遇而安，适应性极强。

如今，家养的动物仍然保留了大部分野生亲戚的行为习惯。

趣味知识1：

野鸡仍然存活于世！

家鸡极有可能是红原鸡的后代。红原鸡的英文名是red junglefowl（红色丛林中的鸟）！是的，丛林之鸡！今天，你还是可以在东南亚的茂密森林中发现红原鸡的身影，它们甚至还生活在城市地区，比如新加坡！

法国的象征物，原来是一只亚洲的动物呢。

趣味知识2：

在苏格兰的奥克尼群岛上，有一些动物自得其所，完美地适应着环境。

20世纪70年代末，苏格兰斯沃纳岛上的居民弃岛而去，留下了8头母牛和1头公牛。如今，这一牛群在它们的私家岛屿上怡然自乐，过着平静的生活。它们向世人证明，离开了人类的家牛也可以自给自足，自立谋生！

在这个群岛中的北罗纳德赛岛上，有一群绵羊几乎只在海边生存，身体素质极其优越，几乎只靠吃海藻而生！

所有的这些社会群体都是如此丰富多彩、错综复杂。刚开始我在写这一章节时，按顺序介绍了每一个物种，针对每一物种还介绍了某一特殊群体的生活，伴随着详尽的历史记载。

写完之后，这一章节有前面所有章节加起来这么长。

编辑看完之后，已经目露凶光了。得知此事后，最终我决定按照“生命周期”来介绍这一部分，从幼年、青年到成年，涵盖所有物种。

我们在这里的时间是如此短暂，而面临的挑战是如此巨大。
拜托了，请不要浪费时间，不要徒增风险。
——《黑暗之塔》，斯蒂芬·金著

正如前文所说，鸡的社会结构和有蹄类动物之间有着巨大的差异。

鸡的社会宛如一个皇宫：在一片领地上，一只公鸡唯我独尊，身边母鸡如云，几只公鸡下属对领头公鸡唯命是从。领头公鸡要确保领地内母鸡的安全。领地的“中心”是一棵可栖息的树木。

是的，鸡是禽类，它们在树上睡觉，这棵树对它们来说至关重要。

这是一棵世界蛋树（Eggdrasil）*。

在繁殖期，当一只母鸡准备下蛋时，它会呼唤领头公鸡。

母鸡会仔细视察领头公鸡建议的每个地点，并选择心仪的“产房”。

此时，领头公鸡会暂停领土边界的巡逻工作，前往母鸡身旁陪产，并且对建窝的地点提出一些建设性意见。

在安全的领地上，母鸡们四处散开搭巢，尽可能远离彼此，可能是为了避免弄混孩子。

在小鸡出生后，母鸡将会尽心尽力地照顾小鸡，就像前文所提到的那样。

如果有一只小鸡生病了，那么母鸡会回到窝中抱住它，轻声地安抚它。

在澳大利亚的西北岛（后面也会提到这里），有一个关于鸡的小趣闻，把**“鸡妈妈”**这一词的含义展现得淋漓尽致。

研究人员发现，当一只年轻的鸡妈妈带小鸡们去一个地方时，半路被一棵倒下的树干拦截。

母鸡轻而易举地跳过了树干，但是小鸡们太小了，没办法跳过去。

母鸡跳来跳去好几次，想要鼓励小鸡跳过去，都没有成功。母鸡原地放弃，它又跳回小鸡身边，带着它们绕过树干，另辟道路继续前行。

其实，母鸡并不是本书中唯一会筑窝的动物哦！

还有谁也会筑巢呢？

快问快答！
请投出你手中的一票！

牛？山羊？绵羊？还是猪？

倒计时10……
9……8……7……真是迫不及待啊！

答案是——母猪也会筑窝！

通常，准备生崽的时候，即将当妈妈的母猪会远离猪群，在地上挖一个浅浅的洞。

然后，母猪用草把洞底填满。有时候，它们还会用树枝搭一个顶棚，用于打掩护和保暖！

拥有筑窝的能力可不容小觑：

会筑窝的猪妈妈分娩耗时更短、更顺利，奶水也更充足，可以更好地承担起母亲的责任。

在哺乳动物的宝宝出生后，我们可以在宝宝身上观察到两种行为：

经常躲起来的“躲藏者”，

以及总是和妈妈形影不离的“跟屁虫”。

需要再次强调的是，我们发现不同个体的行为存在巨大的差异，但是大体上，我们认为：

小鸡一定是“跟屁虫”，
小绵羊倾向于是“跟屁虫”，
小山羊随心所欲，随意切换角色，
小牛倾向于是“隐藏者”。

通常妈妈在分娩之前会远离群体，与世隔绝，以迎接“掌上明珠”或“捣蛋鬼”的到来。

我们都清楚，生孩子和买彩票没什么两样。

这一段独处的隔离期对于建立亲子关系至关重要。

母亲的育儿能力与它的自身经验息息相关。

通常年轻的妈妈在第一胎出生时都会手足无措，没保住第一胎孩子也是常有的事。

1996年，在美国圣地亚哥动物园中，研究人员观察到，在28只野生母鸡中，仅有4只可以把自己50%的孩子抚养长大。

这些母鸡要么德高望重，要么年岁已高，因此经验比较丰富。

有时，绵羊妈妈会被新生的羊宝宝吓得花容失色。

幸好它们从没看过人类刚出生的样子——简直令人毛骨悚然，相比之下绵羊宝宝真的小巫见大巫！

在哺乳动物中，同一胎兄弟姐妹的关系以及母子关系，通常是随着日久年深更加亲密无间。

它们的亲密关系通常会持续一生，尤其是在雌性中。在母野猪中，80%的闺密情谊可以持续一生，在公野猪之间或者两性之间也有着持续而深刻的友谊！

雌性之间的紧密联系，是有蹄类动物的社会中强有力的纽带。

与本主题毫不相关的趣味知识：

2004年，BBC（英国广播公司）曾报道过一件在英国马斯登村发生的奇闻逸事。

在羊圈中生活着一群绵羊，羊圈唯一的出口装有“拦畜沟栅”，防止它们离开。这一装置通常十分有效，绵羊无处可逃。

然而，在一个晴朗的早晨，当地居民震惊地发现，这些绵羊出现在村庄的各个角落啃食草地，大快朵颐：板球场上、墓地边、公园里……

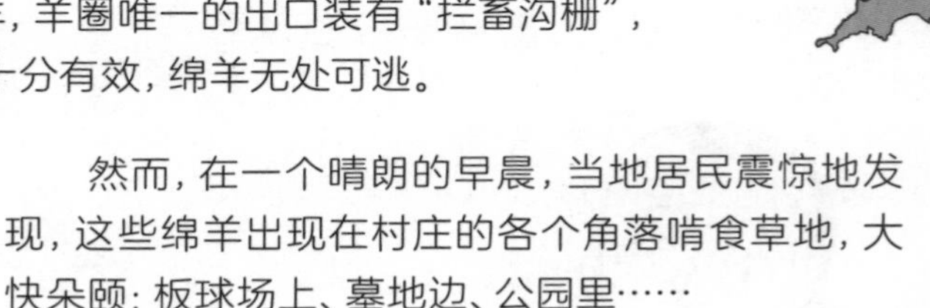

羊赃俱获时，绵羊的神情活像它的山羊表亲：毫不在意。

但是，它们是如何成功越狱的呢？

谜团终于解开：羊在犯罪现场被当场抓获，当时它们正在栅栏上滚动着，试图逃跑！

本书提到的所有哺乳动物中，母亲都是独自抚养孩子长大，任劳任怨，无私奉献！这样再好不过了，因为母亲对孩子的成长有着深刻而持续的影响！

1998年有一项耗时4年分期完成的研究，研究人员发现，在一片栖息地多样、植被丰富的辽阔土地上（美国锯齿国家森林公园），小牛被母亲抚养长大，当成年后的牛被放回同一片区域时，它仍然保留着母亲的习惯和偏好！

值得注意的是，社会群体和环境会影响与削弱这些偏好。

母亲对孩子的影响有多深呢？如果一只威尔士山地羊宝宝被克伦森林羊妈妈抚养长大，那么只要观察小羊的饮食习惯，我们就能猜出养母的真实身份了！

还有更疯狂的：

如果一只小公山羊是被绵羊哺育长大的，那么当小山羊变得高大威猛时，即使身后有无数只母山羊追随，它的眼里也只有母绵羊！

有一些人非常需要那些需要他们的人。
——《黑暗塔II：三张牌》，斯蒂芬·金著

小绵羊和小山羊非常喜欢和小伙伴们一起玩。因此，它们会建立一个自主管理的“托儿所”：孩子帮的成员天天混在一起，像个热闹的“多动症米老鼠俱乐部”！

童年怎么能少得了玩耍呢？

直到今天我们都不得而知，动物（包括人类）的游戏具体有什么用。

对此有数不清的假设：
为未来的社交做准备；
强身健体，以应对成年后将要面临的挑战；
释放过于充沛的能量；等等。
有可能上面说的都是对的。

我们可以把游戏分成三大类：

个人游戏：
身体的运动游戏，蹦蹦跳跳，原地打转儿！

社会游戏：
打一架！
比赛跑步！

带玩具的游戏：
一起打球吧！

关于小鸡玩的游戏，相关文献的记载很少，我们只知道小鸡喜欢列成一队狂奔。不过，关于哺乳动物的游戏，可查证的资料非常丰富。

小山羊玩的游戏是各种弹跳和各种角度的身体扭动，像中了毒的彩虹圈*一样疯狂（八成是绵羊化学家给它们下的药）！

毕竟山羊这种动物，一生经常在山上飞檐走壁、在灌木丛中披荆斩棘、在树林中上蹿下跳，因此从小锻炼控制身体的能力，对它们的成长至关重要！

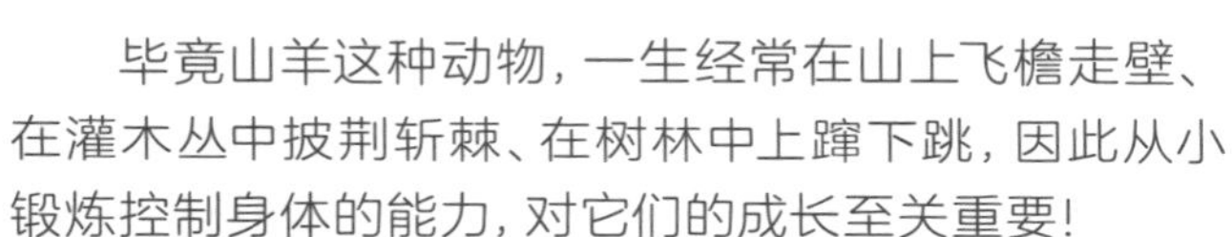

山羊通常生活在环境复杂而危险的山区，因此需要各种身体和心理的活动来锻炼自己。山羊喜欢在高处栖息，不过在遇到狂风骤雨时，山羊会在小山洞里躲避风雨。

另外，有一些十分著名的山洞就是山羊发现的，比如法国阿尔代什省的玛德莲岩洞！

猪也喜欢玩游戏。活泼的小公猪非常喜欢打架！

它们会滑稽地模仿成年公猪的仪式化争斗*，贴着脸互相推搡，想把对方撂倒！

我们还观察到了母猪和孩子之间的游戏，成年母猪之间也会一起玩耍。

猪是非常活跃的动物，刨地的行为也比看上去更复杂和多变。

2019年的研究表明，猪刨地不只是为了觅食，因为即使食物充足的猪，无论老少，仍然保持着摆弄、咀嚼、寻觅、挖掘等重要的行为习惯。

小牛的游戏多种多样，既喜欢蹦蹦跳跳、互相打闹，还喜欢互相骑在对方身上。

即使是不同的品种，它们也玩得不亦乐乎！

曾经有人看到一只小瘤牛和一只家养的小羚羊一起打闹，两只小家伙看起来玩得可开心了！

显然，动物的关系在玩闹中变得更紧密了。

动物之间表达感情的方式多种多样，比如：猪经常互相拱鼻子；牛互舔脖子。被舔脖子的牛会感到开心而舒适，甚至还会要求同伴“再来一次”！

这种社交性的舔舐行为和灵长类动物互相清除虱子的行为非常相似。

1975年至1979年，莱因哈特夫妻研究了瘤牛群体的社交互动，发现每一只母牛都有它最好的闺密！

比如，在这4年间，南尼特只在吉拉旁边吃草，从不和其他母牛一起吃草。

关于“社会性互舔”方面，吉拉几乎所有的爱抚都来自南尼特，虽然在1977年，南尼特曾有过一次“移情别恋”，舔了舔海尔格。

但是我们不会告诉任何人。

说好了，这是秘密。“让拉斯维加斯的故事就留在拉斯维加斯吧……”

有一些牛还有好几个闺密呢。

通过观察法妮的舔舐行为，我们发现它和琳妮特亲密无间，但法妮也很喜欢黛西，只不过黛西在它心中排第二。琳妮特是法妮最好的朋友，黛西只是不错的朋友。

牛在不同的场合还有特定的闺密哦！

一头牛可以同时拥有一个吃饭搭子和一个睡觉搭子！

瘤牛的社交故事告一段落，我们在后面还会回来研究它们的。

童年时期对于孩子的成长非常重要。

动物在童年时期积累的社交关系和环境资源，会决定它们成年时期的生存能力。

如果孩子在幼年时期被迫远离族群，与世隔绝，并且/或者在缺乏刺激的环境中生存，那么它的认知能力和社交能力会遭受巨大影响。

如果小牛一出生就离开了妈妈，那么它将无法学会正确应对其他牛的行为。

因此，这些小牛在面对成年牛的威胁时，不会表现出反抗的样子，而是直接顺从地向它走去。原因很简单，因为小牛最后一次见到的成年动物是它的母亲，而母亲往往带来正面的情绪。

通常，如果动物的社会经验匮乏，那么它们也无法准确判断其他动物的力量。

虽然正常情况下，这些动物大部分的对抗都会迅速解决，不会发生严重的冲突，但是涉世未深的动物常常会升级矛盾，燃起战火。

这就是为什么在饲养场内，小动物之间经常会发生剧烈的对抗，尤其是当它们被迫离家而去、以重量和年龄为标准被分类管理时（猪是典型代表），原有的社会组织将毁于一旦，它们之间的矛盾会更加激烈。

动物童年时经历越丰富，越有可能发育成身心健康的成年动物。

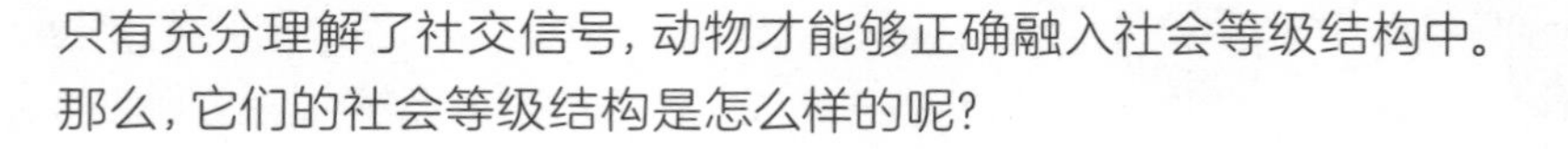

只有充分理解了社交信号，动物才能够正确融入社会等级结构中。

那么，它们的社会等级结构是怎么样的呢？

我是不会再相信国王了，就像我不信自己能抬得动他那笨重的爷爷！
国王就像爱吃裤子的山羊一样讨嫌！
——《黑暗之塔》，斯蒂芬·金著

当鸡妈妈准备生二胎的时候，第一胎的鸡宝宝就会被“断奶”（大概就是，被鸡妈妈用暴力的方式赶出鸡窝）。

兄弟姐妹会继续群居生活，在家附近土生土长，直到各自散落天涯海角，加入未来的群体。

前文曾提到过，公鸡和母鸡的社会结构是“一夫多妻制”，十来只鸡聚集一堂。

社会群体的中心是一只领头公鸡，伴侣环绕左右，尊卑分明。

其等级之森严，尤其体现在谁能优先洗**沙浴**（母鸡生活中最重要的事），以及享受最高级食物的**“啄食顺序”**。

公鸡之间同样也分三六九等。

有一些公鸡是领土的主宰。

还有一些从属公鸡受领头公鸡的差遣，暗自等待着领头公鸡驾崩后篡位。

在领头公鸡的管辖范围内，还有一些公鸡拥有自己的一席之地，独享一棵栖息树。

还有一些公鸡，在鸡群中间穿梭游荡……

啊，这已经够复杂了。更复杂的是，**不同的鸡群之间同样等级分明。**

在繁殖期间，领头公鸡会严守阵地，防止其他领头鸡窜访领地。

在非繁殖期，鸡群在栖息树附近游走，鸡群的栖息地将会有重叠区域，不再界限分明，公鸡不会防守边界。

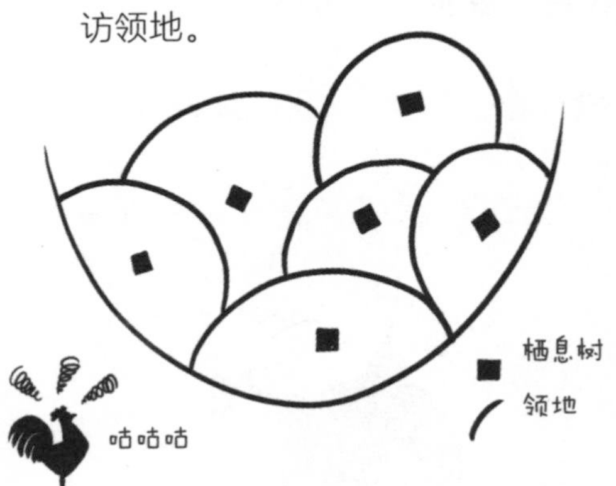

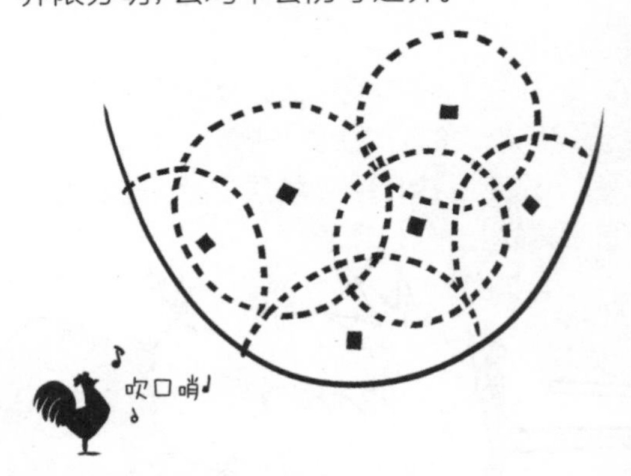

在一些小型社会群体中，领头公鸡和它主要的母鸡配偶是社会的中心。

比如，当鸡群想离开灌木丛，准备进入一片平原时，领头公鸡将率先登高望远，观察一会儿周围的情况。

然后，领头公鸡发出“一切正常”的进军号角，带领着鸡群进入平原。

鸡群之间关系的错综复杂程度，简直令人难以置信。如果说乔治·R.R.马丁写《冰与火之歌》是受鸡群之争的启发，我一点儿都不会感到奇怪。

这是澳大利亚西北岛上的一个实验观察。
黑色的粗体字是各家领头公鸡的名字。

起初，黄脖子是整个地区的最高首领。但是，它的死亡引发了一场——权力的游戏！

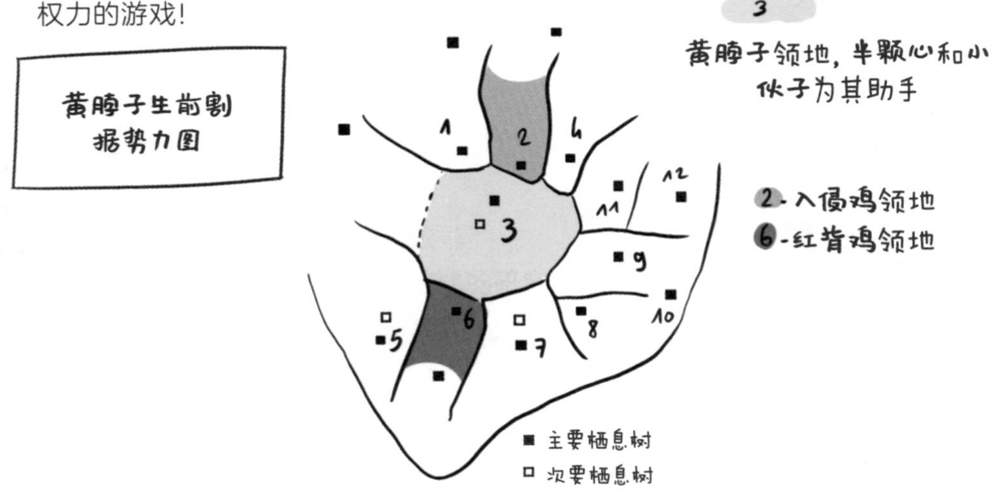

6个星期后，10月，**半颗心**死亡，取而代之的是**红背鸡**。**红背鸡**占领了**半颗心**的树木，即**黄脖子**的御用树木。

小伙子始终占领着**黄脖子**生前的主要栖息地，同时也在**红背鸡**的领地中占据一席之地。

因此，**黄脖子**的领地如今被一分为二，分别由**红背鸡**和**小伙子**占有。

因为主要的用餐区位于**小伙子**的栖息树旁边（也就是说，**红背鸡**的伴侣们发现这块地方很不错，特别适合吃东西），**红背鸡**随即攻下了**黄脖子**生前统治的所有区域，在此处建立政权，同时抵抗**入侵鸡**的攻打。

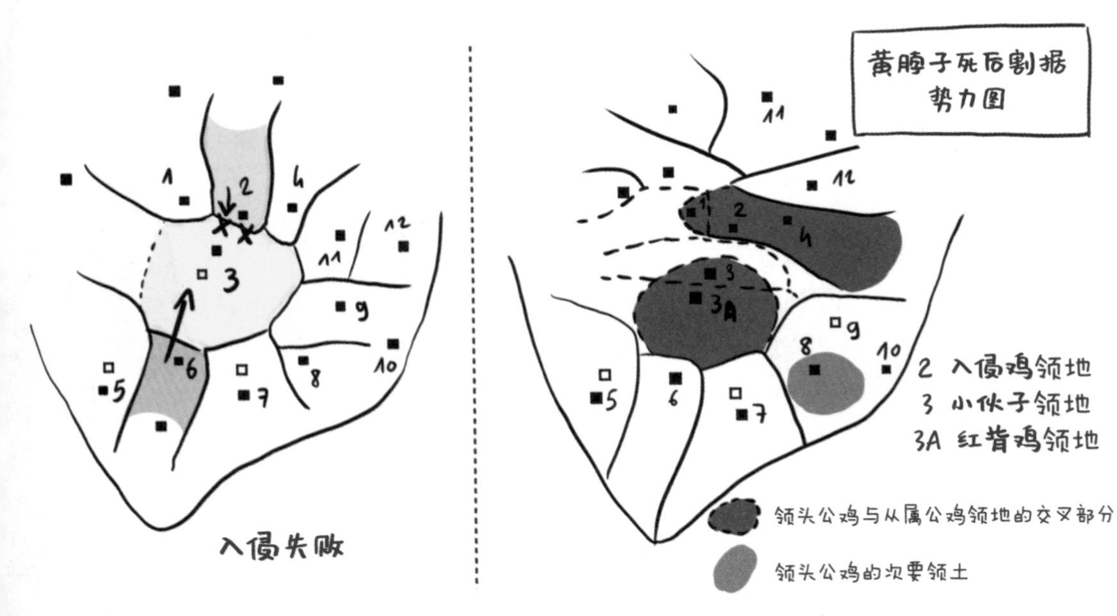

当竞争状态出现时，战火将立刻燃起！

在自由自在的状态下，本书中的大多数动物都不是争强好斗的性格。具体而言，这是因为草食动物并没有太多的竞争场合，因此更加冷静潇洒。

可能只有鸡是特例，它们可不是草食动物。

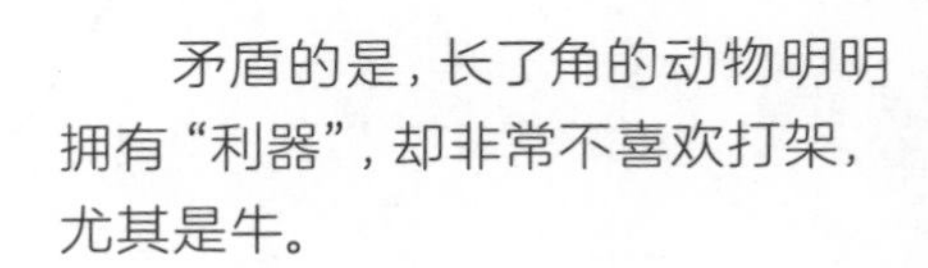

很多时候动物间的冲突只是走个形式，以避免造成严重的伤害。通常，冲突只会在繁殖期间出现，往往由雄性主导战役。

矛盾的是，长了角的动物明明拥有“利器”，却非常不喜欢打架，尤其是牛。

可能这和核威慑是一个道理吧，以避免两败俱伤。

只不过，牛的武器是角蛋白组成的尖角。

而且，发生冲突不仅伤身，还会伤心。

1998年，盖布里埃尔·施诺的一项研究发现，山羊在打完架之后还会和解并重归于好！

本章节开头曾提过，山羊的社会偏向于**“分裂—融合型”**。

也就是在同一片领土上生活着不同的社会群体（通常以家庭为单位），它们四处分散而生，在休息或躲避危险时重聚于公共区域。

在苏格兰的拉姆岛上，学者通过定期观察家养回归野生的山羊群，发现通常一个羊群中有十几只羊。而在不同的地理区域，羊群的成员数量有着很大的差异。

有时，羊群的成员仅有4只，而在澳大利亚可达300只羊！

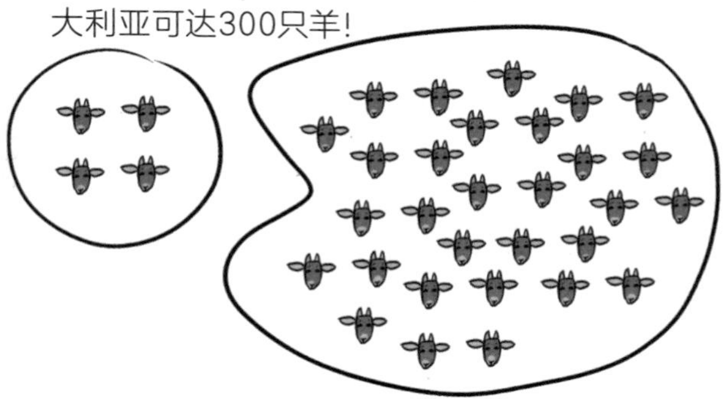

一些以家庭为单位的“下属群体”，一般包括2到3只母羊和它们的孩子。

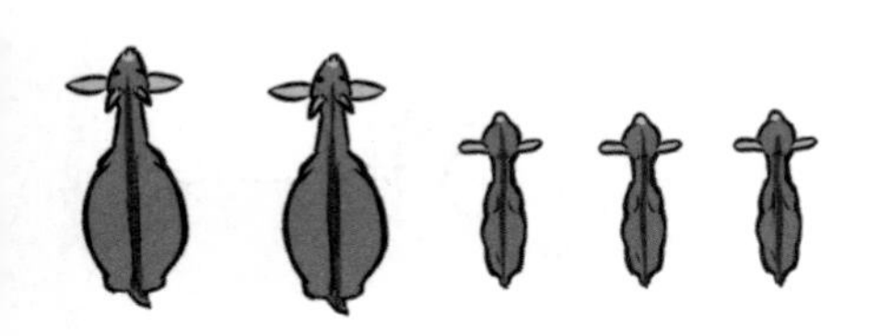

通常，新加入的山羊会服从于当地的母羊。

1994年，研究人员想知道在面对新成员时，羊群里的山羊会做出什么反应。

几乎所有新加入的山羊都会立刻乖乖臣服，而6号山羊除外。面对每一次的袭击，它都会愤然反击！

在拉姆岛上，人们对山羊的社交关系开展了丰富的研究。

科学家用人名为一个羊群的成员命名，用城市名为另一群羊命名。

这场景是否似曾相识？

山羊版《纸钞屋》*！

拉姆岛山羊的复杂社会关系仿佛是这部剧的灵感源泉。

让我们看看猪的情况。一般而言，一个猪群约有10名成员，不过别忘了……要看情况！

猪的社会中，存在着一种分工制度。

最近的研究表明，成年公猪和小猪往往是“觅食者”，母猪通常在它们饱餐过后才来享用美食。

在牛的社会中，有着“尊重长者”的制度。

年龄最大的牛可以优先享用上等的食物，下榻最舒服的住所。

牛的力气和重量与它的社会地位没有任何关系。

因此，牛的社会建立在“道德规范”之上，并不是人类想象的“弱肉强食”。

人类总是把这一规则套用在所有的动物社会之中，而事实通常并非如此。

“年长者”往往在动物社会中举足轻重，因为无论是**文化传承**还是**个人经验**，它们都拥有更加丰富的知识。

2018年和2019年，科学家对**重新引入**美国山区的**摩弗伦羊群**开展了研究，发现新引入的羊群少有迁徙，在新的家园里难以生存，勉强度日。但是，一直在此处生活的摩弗伦羊群能在宽阔而复杂的道路上迁徙自如，这一技能世代相传。

难以置信，对吧？

另外，绵羊的社会和牛的社会很像（也有点儿像山羊的社会，不过山羊依旧我行我素），群体中的领导并不一定是最强壮的绵羊，而是**经验丰富和更有影响力的绵羊！**

你到底犯了一个多大的错误，竟然能让其他人的忠心变得如此可怕？
——《黑暗塔II：三张牌》，斯蒂芬·金著

在领导力方面，家牛和瘤牛的社会运行机制几乎是一样的，所以我建议把这两个物种归类讨论，正如山羊和绵羊身上也有很多相同点。

一个牛群通常是一个很大的集体，由10至20只牛组成，有时一个牛群中还包括多个分支群体。所有的牛彼此之间都带着“朋友”或“敌人”的关系。

有些牛彼此之间的友谊非常亲密，还有一些“社牛”朋友众多，往往是牛群的焦点和中心。

这些“社牛”往往是年长的母牛，社交能力极强，不过它们不一定在牛群中位高权重。

还记得肯尼亚的瘤牛**吉拉和南尼特**吗？它们属于**阿尔玛**牛群，或者说是**罗斯薇塔**牛群，因为阿尔玛是主要的“领导”，而罗斯薇塔“社会地位”最高。

这一牛群由30头母牛和1头公牛组成，以半自由状态放养，生活在肯尼亚阿西地区的平原上。

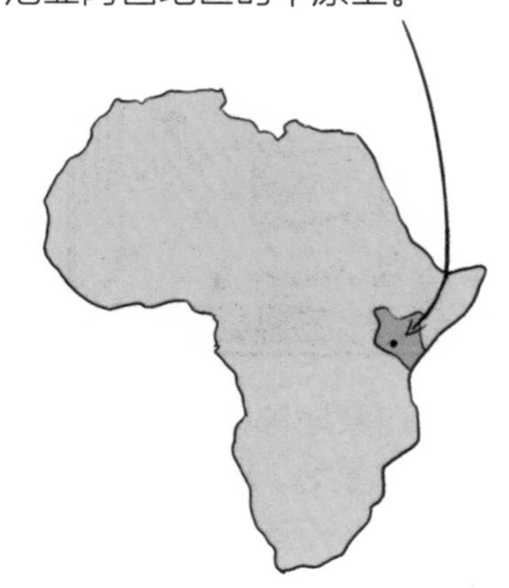

每一天早晨，牛群从农场出发，夜晚自行回来。
剩下的时间，农夫和它们几乎没有任何接触。

当牛队前行时，队伍结构通常如下：
年长的牛走在队伍前面，

年轻的牛和公牛殿后。

早上，阿尔玛负责带队出发吃草。
晚上，多拉负责把牛群带回家。

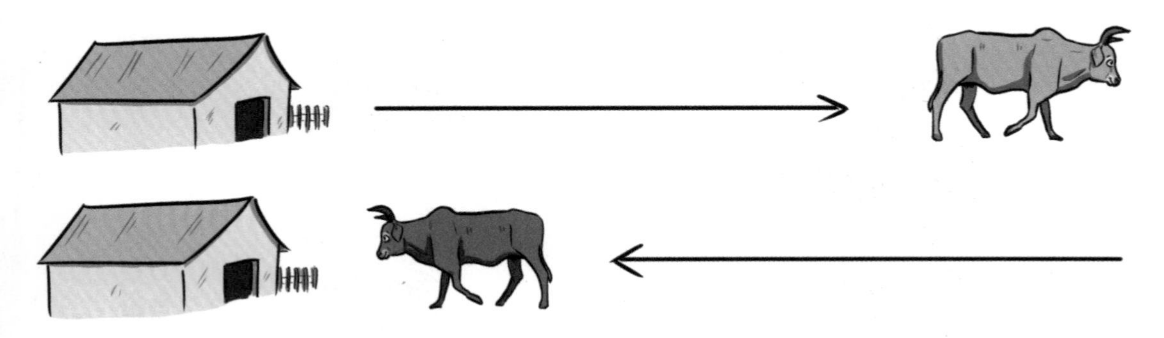

瘤牛和家牛一样，由专门的牛负责带领牛群完成特定的活动，基本上一牛一岗，专牛专事。

一天早晨，当牛群准备出发的时候，研究人员决定把**阿尔玛**关起来，以观察牛群的反应。

它们原地等待了15分钟，有点儿不知如何是好。最终，**多拉**和**莫妮卡**决定带领队伍前往草原，但是它俩犹豫不决，三步一回头。

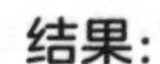

结果：

牛群依旧淡定地走出了牛圈，但是停住了脚步。有些牛开始边睡边等。

在重获自由的那一刻，**阿尔玛**立刻开始小跑，赶上了已经渐行渐远的牛群。它一路超越牛群，直奔队伍的最前面，重新带队前行。大家终于松了一口气！

如果在牛群准备出发的早上，把夜晚的领队**多拉**或者牛群中地位最高的**罗斯薇塔**拦住，那么牛群的出发不会受到任何的影响，**阿尔玛**会把它们抛在身后，毫不犹豫地带领牛群前进。

多拉：约15岁，地位较高。

罗斯薇塔：14岁，地位最高。

阿尔玛：约9岁，地位居中。

阿尔玛能拥有这般领导力，是因为它在母牛中间超级受欢迎！它可以说是牛群中的“网红大咖”呢！

在牛群中，7岁的公牛是最强壮的牛，但是从来没有当过领导者。

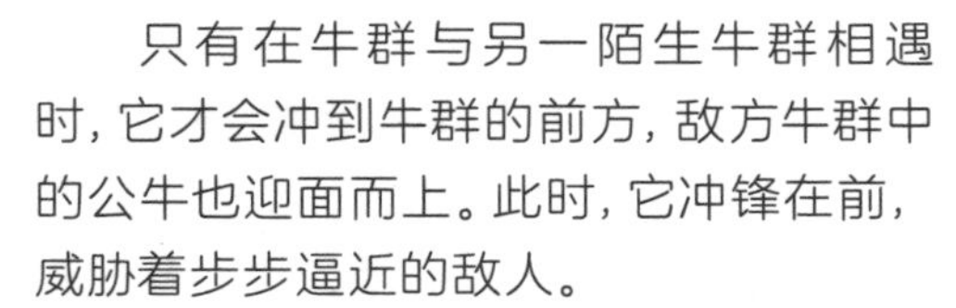
只有在牛群与另一陌生牛群相遇时，它才会冲到牛群的前方，敌方牛群中的公牛也迎面而上。此时，它冲锋在前，威胁着步步逼近的敌人。

一旦牛群停下脚步，两头公牛将会开启威力十足的对抗模式：以角刨地、互相嚎叫，而另一边……

双方的雌性领导者会淡定地带着牛群继续赶路，把两名激情四射的比武选手留在原地炫耀肱二头肌。

牛群之间不会相互交换成员，因为每一头牛都是不可替代的，当它们被迫退出群体时（如群体迁徙、被分类重组饲养、死亡等情况），群体的社会发展将会受到极大的影响，如果这一头离去的牛位居社会中心，将会带来巨大的打击。

若你爱我，请深爱！
——《巫师与玻璃球》，斯蒂芬·金著

之所以会聊到公牛，是因为……

你知道的——心跳加速、面红耳赤、爱意绵绵……

总之……要生孩子啦！

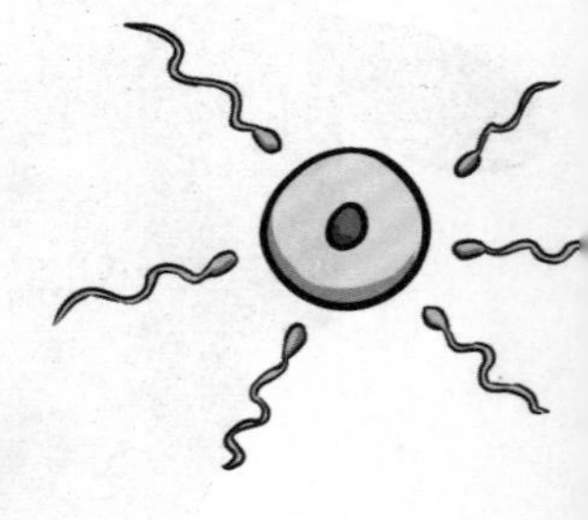

母鸡的择偶标准十分严格，通过考查公鸡觅食、保卫安全等能力来衡量是否接受公鸡的求偶（如果有公鸡对母鸡性骚扰，母鸡会向领头公鸡求助，领头公鸡会把这厮揍得鼻青脸肿）。同样，哺乳动物中的各位“妙龄少女”，择偶标准也是有过之而无不及。

在某一特定的时期，哺乳动物中的雄性会开始在雌性群体中求偶。求偶的时机取决于各种因素。

还是老样子，情况通常都比较复杂。

或许是雄性的到来让雌性进入发情期，也可能是雌性充满诱惑力的气味在传递着信号，把雄性牵着鼻子走。

通常，雌性有权决定接受哪一只雄性的求爱。

母绵羊和公绵羊都有自己的爱慕对象。

研究人员发现，当母绵羊进入发情期，面对公绵羊和母绵羊的肖像，即使（非发情期时）母绵羊原本乐于和母绵羊相处，此时也会见色忘友！

很明显，有一些魅力十足的公绵羊，让母绵羊为它痴、为它狂……

当然，这种“痴狂”要用母绵羊的标准来看，因为实际上绵羊是性格非常温和安静的动物。

为了表达对公绵羊的喜爱，母绵羊只会默默守护在它身边，偶尔动一动尾巴。

至于母牛和母山羊，它们会开启魅力模式，对异性眉目传情，用魅力“猎捕”异性。

埋葬不用花多少时间。这个躯壳已经远远小于他的心脏。
——《黑暗之塔》，斯蒂芬·金著

为了给生命周期画上圆满的句号，我们不可避免地要谈到死亡。

坦白说，在人类社会中，这已经是一件非常复杂、难以理解的事情了。

人类的各种哀悼行为有着极其深刻的区别，这取决于我们的性格、我们所处的文化环境，以及我们与逝者的关系。

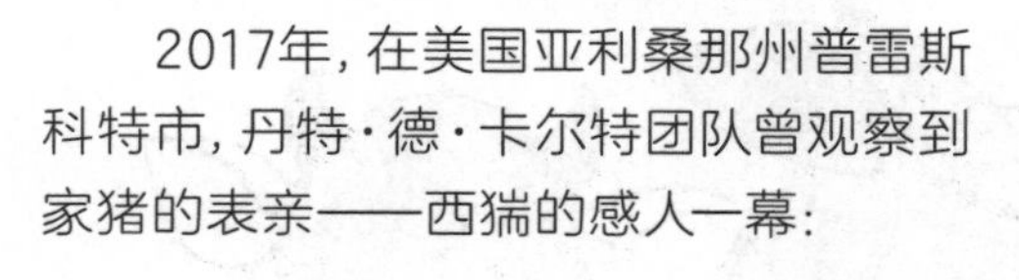

2017年，在美国亚利桑那州普雷斯科特市，丹特·德·卡尔特团队曾观察到家猪的表亲——西猯的感人一幕：

据我所知，关于农场动物如何应对亲友的死亡，至今还没有任何相关研究。

因此，针对动物，我们能做的就是观察生者的反应，研究它们行为和生理的变化，通过生者和死者之间的关系进行猜想。

在一个西猯群体中有5个成员，其中两头西猯在一只同伴死去后，无论如何都不愿将其抛弃！

研究人员发现，在小伙伴（因为衰老或疾病）死去后，这两头西猯常常在它的遗体旁边守着，而且还多次试图将其背起，以及抵御来自郊狼的袭击。

夜晚，它俩紧紧挨着遗体睡觉。在此期间，群体中剩下两个成员在它们生活的山坡之上四处游荡。

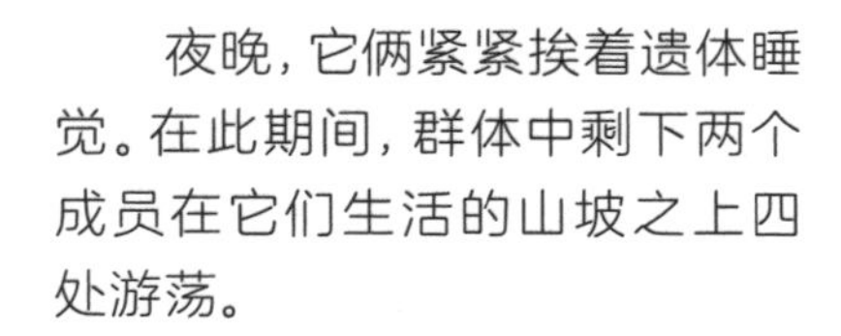

10天之后，虽然两头西猯顽强抵抗，但是4匹郊狼联合突围成功。直到这时，这两头西猯才不得不放弃同伴，只能远远离开。

作者还将西猯的反应与人类、黑猩猩、大象、鲸鱼的行为作比较。

但这并不代表所有动物的哀悼方式都是一样的。即使有相似之处，每一物种之间仍然存在巨大的差异，甚至不同个体间都有着很大的区别。

在动物收容所和兽医的观察记录中也有相关证据，表明农场动物在面对同伴的死亡时，行为会发生深刻的改变。

毕竟，社交关系在动物社会中占据着重要的地位，那么这些发现也就不足为奇了。

致谢

感谢各位读者，感谢你阅读了这本书，愿意容忍我的各种玩笑。

感谢才华横溢的、每次阅读文档时都看漏信息的莱拉（戳戳）。

感谢我的伴侣玛蒂尔德一如既往的支持，感谢你虽然根本不情愿，但还是帮我校阅稿子。

感谢我的父母（谢谢妈妈帮我校阅稿子）！

感谢露西尔·贝勒加德博士的耐心审稿，以及在本书撰写期间提供的宝贵建议、付出的珍贵时间。

感谢克里斯蒂安·纳瓦罗斯博士为我答疑解惑。

感谢多里斯·戈麦斯博士和杰里·雅各布斯博士，在家牛和色觉方面为我点亮了明灯。

感谢埃洛蒂·布里耶夫博士为我慷慨寄送著作和研究。

感谢玛埃娃·菲利皮和温迪·戈宾的审阅和校对。

感谢赛琳娜·勒·拉默对我的信任。

感谢劳伦斯·奥格，感谢你提出了撰写本书的建议。

最后，感谢La Plage（海滩）出版社的全体工作人员。

感谢让这本书得以面世的所有人。

感谢塞巴斯蒂安·莫罗对我的信任，感谢在本书插画创作过程中我们共度的时光，感谢你带来一部如此精彩而热忱的作品。

感谢La Plage出版社为我提供完全的创作自由。

感谢米拉的鼓励，感谢你成为我的女儿。

感谢艾蒂安的校阅和宝贵意见。

感谢皮埃尔的建议和支持。

感谢在我的“真实生命中”和其他地方陪伴着我的人们。

感谢尾田荣一郎老师，是你的作品再次点燃了我心中的热情。

感谢米纽和塞当的呼噜声。

感谢本书中的所有动物。

感谢各位读者，谢谢你们。

译者注释

- P8 * 此处法语原文为voir rouge，有两层含义，一为“看见红色”，二为“生气”。一语双关。
  * 吉·路克斯，法国著名综艺节目《城市之间》的创始人。节目主题为户外闯关真人秀，其中最精彩的比赛为“躲避母牛的攻击”。
  * 扭扭乐，美国孩之宝玩具公司产品，游戏规则为根据转盘指示，把手和脚放在正确的颜色圈上，是考验玩家平衡感的多人游戏，若在游戏过程中摔倒则出局。
- P9 * 这句话是美国著名惊悚片《电锯惊魂》中的经典语录。
- P12 * 此处是法国作家查尔斯·贝洛的童话《蓝胡子》中的片段。
- P13 * 在法语中，“母鸡长牙齿”表示不可能发生的事情。
- P14 * 好莱坞星光大道位于美国加利福尼亚州好莱坞，镶有2500多枚带有名人姓名的星形奖章，用来纪念他们对娱乐产业的贡献。
- P15 * YOLO，You Only Live Once的首字母缩略词，意为“你只能活一次”，应该活在当下，大胆去做。
- P19 * 罗斯威尔事件是指1947年在美国新墨西哥州罗斯威尔市发生的UFO（不明飞行物）坠毁事件，引起世界对外星生物、UFO的广泛关注和讨论。
  * 这句话出自美国科幻电视剧《X档案》，主角福克·斯穆德的办公室里贴着一张UFO海报，配文为“我要相信”。
- P20 * 卓别林，英国著名喜剧演员。
- P21 * 此处为作者的谐音梗，直译是“喝了就不渴”的意思；在法语中，“瘤牛”和“喝了”同音。
  * 动漫《城市猎人》的法语版片头曲包含“当枪声响起，他如一道闪电般从天而降”等歌词，与此处情景契合。
- P24 * 此处为作者的谐音梗，桑铎·克里冈是奇幻美剧《权力的游戏》中的一名战士，绰号“猎狗”；在法语中，“桑铎”与“睡着”发音相似。

- P27 * 此处摘自小甜甜布兰妮演唱的一首流行歌曲*Toxic*（有毒的）。
- P29 * 此处类比人体炮弹，这是一项极具危险性的特技表演，大炮使用弹簧或喷气机让演员像炮弹般从炮筒中射出。
- P33 * 这一组图的数据来自“讨厌吃驴食草的绵羊组”。图中用“羊茅”而非“鸭茅”，因为作者删去了一些实验步骤。
- P42 * 此处作者暗喻当代儿童游戏上瘾的现象。
- P45 * 此处由发现美洲大陆的探险家克里斯托弗·哥伦布的名字改编而来，因为对地理知识的错误理解，他以为自己到达的地方是印度，将此地原住民称为“印度人”。
- P47 * 洒洒水，源于粤语“湿湿碎”，原指很琐碎的小事情，而后引申为表示不足挂齿。
- P55 * 此处出自希腊神话故事。
  * 此处作者化用自一种叫“赢则留，输则变”的博弈策略。
- P56 * DOOM，一款射击游戏，内有各种布满玄机的复杂迷宫。
- P65 * 霍格沃茨，魔幻小说《哈利·波特》中的魔法学校。麻瓜，指《哈利·波特》中的非魔法群体，即日常生活中的普通人。
- P69 * 美国电影《黑客帝国》讲述了网络黑客尼奥与人工智能系统“矩阵”的故事。法语中的矩阵与片名同音，此处为谐音梗，用于介绍下文的矩阵型理论。
- P75 * 克里奥尔泛指世界上由葡萄牙语、英语、法语以及非洲语言混合并简化而成的语言。
- P82 * 此处源自电影《爆破人》，表示一种危险信号。
- P98 * 丹尼斯·布洛尼亚尔，法国知名电视节目《兰塔岛》的主持人。他在某次节目中发出魔性的叫声“啊”，经过各种鬼畜剪辑，成为在法国爆红的一个梗。
- P101 * Bescherelle系列是一个法国著名的教材品牌，由法国Hatier（阿提埃）出版社出版。
- P106 * 悉里尔·亚怒那，法国著名的主持人、制片人、喜剧演员，主持法国C8电视台知名综艺节目《别碰我的位子！》。
- P112 * 猫途鹰，旅游网站，主要提供来自全球旅行者的点评和建议，覆盖全球的酒店、景点、餐厅等。此处为作者的玩笑，指公鸡发出的“食物的召唤”信号。

- P115 *《老大哥》是社会实验类的游戏真人秀，一群陌生人以室友身份住进一间布满摄像机及麦克风的屋子，一举一动都将被记录下来，剪辑之后在电视上播出。
- P120 * 此处借用了美国DC漫画旗下的超级英雄超人在电话亭里换装的情节。
- P122 * 心智理论指个体理解自己与他人的心理状态，包括情绪、意图、期望、思考和信念等，并借此信息预测和解释他人行为的一种能力。
- P125 *《北京秘事》，1987年在法国流行的一款侦探类桌游。此处作者开了个玩笑，用剧透游戏真凶的方式来小小地“报复”没有从头看书的读者。
- P126 * “捕笔器”是不存在的，此处为插画师莱拉开的玩笑。
- P131 * 查克·诺里斯，空手道世界冠军，美国电影演员。
- P147 * 世界树（Yggdrasil）指北欧神话中的树，这个巨树的枝干构成了整个世界。作者将其巧妙化用，把首字母Y改成E，前面变成了“鸡蛋”的英文Egg。
- P155 * 彩虹圈是一种螺旋弹簧玩具。
  * 仪式化争斗是指动物个体之间常规性、相对无伤害的一种争斗。
- P164 *《纸钞屋》，西班牙著名犯罪电视剧，剧中的抢劫团队共9个人，彼此之间不认识，用城市名为自己命名。